OPEN HORIZON
大视野
原创科普馆

大科学家讲科学

林之光 著

天气的脾气

—— 著名科学家谈气象学

湖南少年儿童出版社
HUNAN JUVENILE & CHILDREN'S PUBLISHING HOUSE

图书在版编目（CIP）数据

天气的脾气：著名科学家谈气象学 / 林之光著. — 长沙：湖南少年儿童出版社，2017.8
（大科学家讲科学）
ISBN 978-7-5562-3332-8

Ⅰ.①天… Ⅱ.①林… Ⅲ.①气象学－少儿读物Ⅳ.①P4-49

中国版本图书馆CIP数据核字(2017)第132249号

大科学家讲科学·天气的脾气
DAKEXUEJIA JIANG KEXUE · TIANQI DE PIQI

特约策划：罗紫初　方　卿
策划编辑：阙永忠　周　霞
责任编辑：万　伦
版权统筹：万　伦
封面设计：风格八号　李星昱
版式排版：百愚文化　张　怡　王胜男
质量总监：阳　梅

出 版 人：胡　坚
出版发行：湖南少年儿童出版社
地　　址：湖南省长沙市晚报大道89号　**邮　编：**410016
电　　话：0731-82196340 82196334（销售部）
0731-82196313（总编室）
传　　真：0731-82199308（销售部）
0731-82196330（综合管理部）

经　　销：新华书店
常年法律顾问：北京市长安律师事务所长沙分所　张晓军律师
印　　刷：长沙湘诚印刷有限公司
开　　本：710 mm × 1000 mm　1/16
印　　张：16
版　　次：2017年8月第1版
印　　次：2017年8月第1次印刷
定　　价：39.80元

目录

一、地球的大气

如果从气象卫星上俯瞰地球，你就会发现地球披着一层赏心悦目的淡蓝色外衣——大气。我们人类就世世代代生活在这个大气“海洋”的洋底。正是这个大气海洋，供给了人类呼吸的氧气；正是这个大气海洋的温室效应，保证了地球变得足够温暖，适合于人类生存。稠密的大气层还使人类免遭无数宇宙陨石的袭击（坠落的大部分陨石会在大气层中烧毁），而大气中的臭氧层更是保护了人类和地面其他生物免遭太阳紫外线的杀伤和毁灭，所以，没有地球大气，便没有包括人类在内的地球生命。

地球大气是由多达几十种气体组成的，其中最主要的是氮气，约占了78%，人类呼吸的氧气约占21%，第三位是稀有气体，占0.94%，其他气体全加在一起也只不过占0.06%（均按体积计算）。地球大气的密度在垂直方向上不是均匀分布的，随着高度的升高，空气密度越来越小。例如，大约30%的大气质量集中在3000米以下的大气层里，5500米高度是个中线，即它以上和以下的大气质量是相等的。大约90%的大气质量集中在16.5千米以下的低层大气里，32千米以上的大气质量还不到整个大气质量的1%。

地球大气从地面到大气上界，大体可以分为5层。从地面到其上17千米～18千米处（极地8千米～9千米，赤道10千米～12千米）叫对流层。因为这一对流层里的大气的对流十分发达，气温随高度的上升而均匀下降（平均每上升100米降低0.6℃）。地球上的雨雪冰雹、风云变化等天气现象都发生在对流层这个大舞台里。

对流层的顶部叫对流层顶，这里气温不再随高度上升而降低，而是基本不变，所以这是一个很稳定的层次，对流层里的天气影响不到这儿来。这里经常晴空万里，能见度极高，气流平稳，空气密度小，非常适宜高速喷气式客机的飞行。从对流层顶到其上大约 50 千米的高度叫平流层，气温是随高度的上升而升高的。平流层也是地球大气中臭氧集中的地方，尤其在 15 千米～ 25 千米高度上臭氧浓度最大（图 1 右下方），所以这个层次又称臭氧层。平流层的上一层叫中层，范围是 50 千米～ 85 千米。在中层中，气温又随高度的上升而降低。过了中层顶，上面就是热层了。热层顶大约在 500 千米左右。之所以叫热层，是因为这层中的空气分子和离子直接吸收太阳紫外辐射能量，因而运动速度很快，和高温气体一样。不过，因为这里的大气密度实在太小，所以尽管热层顶的气温可达 1000℃（太阳比较宁静时）～ 2000℃（太阳活动剧烈时），但实际上是根本不会感到热的。500 千米以上，稀稀拉拉的空气粒子很少碰撞，一旦向上飞去就可能再也回不来了，因此称为外逸层或称“逃逸层”。

60 千米以上的大气层，由于空气分子已成为电离状态，因此能很好反射地面发出的无线电波。无线电波借助于地面和电离层之间的多次反射而实现了远距离的越洋通讯。但电视塔发射的无线电波因其波长较短，会穿过电离层而一去不返，因此，越洋电视转播必须依靠人造卫星。

大家知道，大气中的臭氧浓度是很低的，只有百万分之几，可是它却可以吸收太阳辐射中人眼不可见的紫外辐射中紫外 C（波长 200 纳米～ 280 纳米，1 纳米 =10^{-9} 米）的全部和紫外 B（280 纳米～320纳米）的绝大部分。紫外C如果到达地面，可以杀灭地球表面一切生物；紫外B也能杀死或严重损伤地面上的生物。臭氧层不能吸收的紫外A（波长大于320纳米）恰恰是对人类有用处的，

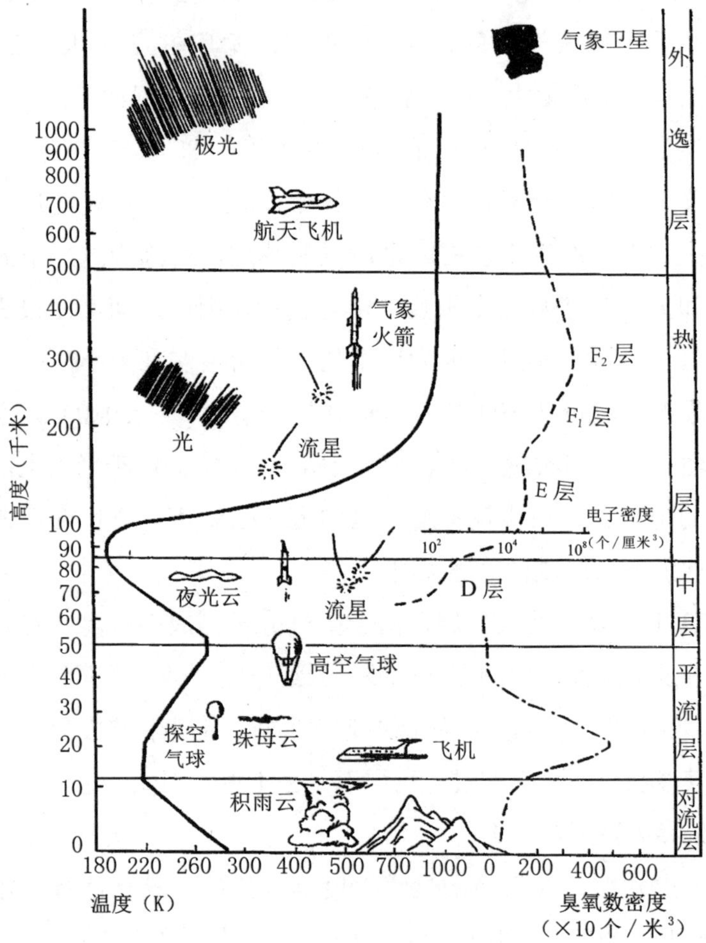

■ 图1　地球大气垂直分层示意图

例如杀灭细菌，防止佝偻病等。自然界设计得是如此周到合理，可是目前由于人类制造出来的氯氟烃化合物（用于制冷剂、发泡剂、喷雾剂和灭火剂等），却正在大量破坏臭氧层中的臭氧分子，使两极地区的臭氧层明显变薄，南极上空春季甚至出现臭氧洞（臭氧浓度只有正常值的1/3～2/3），使人类皮肤癌和白内障等发病率增加，从而引起了世人的极大关注。不过，如果能严格执行1987年国际《蒙特利尔议定书》，逐步禁止这类化合物的使用和生产，那么大气臭氧层便可望在几十年以后逐步得到恢复。据最近的观测报告，已经看到了臭氧层可以在21世纪中期得到恢复的曙光。

由于气压随高度升高而降低，海拔较高处的水便比平地上的水更容易烧开。例如，大约在海拔2000米的地方，水温于94℃时便沸腾了。作者曾在海拔2896米的五台山气象站居住多日，这里开水的温度是91.7℃。如果没有高压锅，蒸出的馒头常常欠火，煮出的米饭也多是夹生饭。面条如果等到全熟再吃，便成了糊糊。而在地球最高点，即海拔8844.43米的珠穆朗玛峰上，81℃左右时，水就沸腾了。

声波是靠空气传播的，所以地球上会有声音。大气中声速为332米/秒左右。不过，声音在大气中的传播方向会受到大气温度分布的很大影响。例如，夜间因为地面冷却，近地面气温较低而往上气温逐渐升高（这种现象叫逆温现象），它会使地面声源在向前并向上传播时慢慢发生折射，直至折回地面。其结果很类似高空电离层反射地面发出的无线电波一样。这就是为什么声音（例如钟声）在夜间传得远且清晰的缘故。唐代诗人张继能写出“姑苏城外寒山寺，夜半钟声到客船”的传世佳句，其原因即在于此。这种夜半钟声甚至连山也隔不住，因而唐代诗人皇甫冉又有“秋临深水月，夜半隔山钟”的体验。相反，白天因为近地面空气的温度向上降低，声音在传播过程中逐渐折向天空，因而便连稍远处的钟声也常听不到了。

上述声音在大气逆温层中传播的“折射”现象还可造成远距离的反常可闻带。20 世纪初，人们发现了这样一个奇怪事实：当强大声源（如炮声、火山爆发等）发出的声音，几十千米开外已经听不到了的时候，可是在更远的地方却又听到了。这种反常可闻带的成因，就是因为大气层中存在着逆温层（例如，对流层顶就是最强大的一个逆温层），把强大的地面声音折回到了更远处地面的缘故。同样道理还可产生第二以至第三反常可闻带，它们呈同心圆状排列（见图 2）。当然，经过多次反射，声强会越来越小，直至完全听不见了。

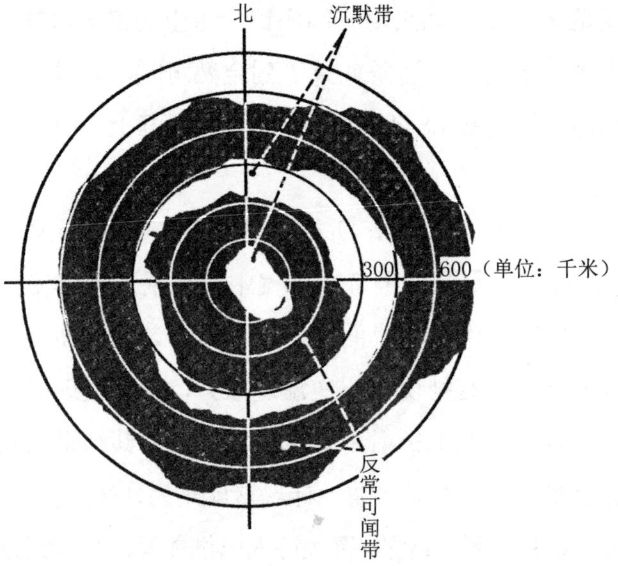

图 2　一次爆炸产生的声音反常传播

二、蓝天白云和海市蜃楼——天空美景（一）

地球大气为大气光学美景准备了物质基础和表演的舞台。美丽的蓝天白云，灿烂的朝晚霞，是大气中光线散射的结果；星光闪烁，海市蜃楼，是大气中光线折射所造成的；日月光线通过大气中的云雾和雨滴时，在水滴内的折射和衍射，还可以产生美丽的霓虹和晕华，以及神秘的峨眉宝光等。

中国有首民歌中唱道：“蓝蓝的天上白云飘……”其实，蓝天白云本无色。蓝天之所以蓝，是由于太阳光线进入地球大气层以后，可见光中波长最短的蓝色光线被大气分子散射的强度最强（散射光强与光线波长的四次方成反比）的缘故，因此人们看到的天空便呈蓝色。

随着离地高度的上升，大气密度越来越小，因而蓝色散射光强也越来越弱。天色于是由蓝变紫，从紫变黑。到了大气高层或宇宙之中，只见日月和星星在黑色天穹上光芒并照，构成一幅地面上看不见的宇宙奇景。此时，如果你回头向下看，披着大气分子散射所形成的浅蓝色外衣的地球正在你的脚下。宇航员们常看到的正是这种“黑天蓝地”的奇异景象。

大气中除了大气分子以外，还有由水汽凝结而成的冰晶和水滴组成的云雾。它们的直径比大气分子大得多，对阳光中各个波段的可见光的散射强度都一样，因而云雾便显出白色。这就是“白云本不白”的原因所在。我们在冬季中看到的天色常比夏季中看到的要蓝得多，就是因为，夏季天空中水滴和其他大直径固体微粒（气象学中通称气溶胶）比较多，因而天色泛白，而冬季空气干燥（尤其北

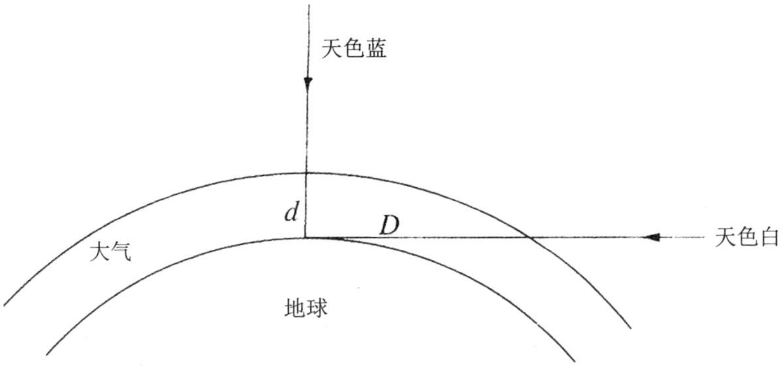

■ 图 3　天色（天顶蓝，天边白）的形成示意图（$D > d$）

方），水滴大都蒸发消失，因而天色才显湛蓝。即使在同一时间，天边的天色泛白，天顶部蓝色较深，也是类似原因。即从地平线方向进入我们眼中的光线经过了较厚的大气层（图 3 中 D），因而地平线方向气溶胶散射造成的白色程度也比天顶（经过大气层厚度为 d）的强。

大家可曾注意过，每天清晨太阳升起以前，和傍晚太阳落山以后的一段时间里，明明太阳位于地平线以下，可这时天空仍较明亮，可以进行一般的户外活动。这种天空亮光叫曙暮光，是地平线下的太阳照亮了高层大气，高层大气分子的散射光照到地面上来的结果。不过，当太阳在地平线以下超过 7° 时，由于阳光只能照射到最高层的稀薄大气，散射光越来越弱，黑夜慢慢就来临了。在赤道地区，太阳垂直地东升西落，早上太阳从地平线下 7° 升到地平线之间的时间，和晚上从地平线降到地平线下 7° 之间的时间，即曙暮光的时间，是全世界最短的，大约 20 分钟。因此，赤道上有“日落即黑”

之说。相反，在高纬度，由于太阳斜着升落，曙暮光的时间便越来越长。在靠近极圈（66.5°）的地方，夏至前后夜间太阳高度也都在地平线下 7° 以上，因此成为白夜，那时会有许多人去那里欣赏白夜奇观。到了南极和北极点附近，太阳轨道几乎是水平的，春分、秋分前后整日整夜的曙暮光甚至可以持续一个多月。

夏夜，繁星满天。仔细瞧瞧，几乎每个星星都在“眨眼”。这就是星光通过大气层时，受到不断运动着的不同密度的气流的影响，发生了不同程度折射的缘故。在冬季迎着阳光看窗前暖气片（或火炉）上方，或在夏日的白天看远方的田野，夜间看篝火堆的上方，远处的景物就好像在晃动，这两者的道理是一样的。所以，如果我们到 3000 米以上的高山看星星，多数星星就不闪烁了，因为最稠密的大气已在脚下。

但是，如果这种折射现象发生在水平方向，而且空气密度在较大范围内是均匀的，那么就有好戏看了。例如，夏季白天的海上，由于空气暖和而海水冷凉（下层空气密度大而上层密度小），因此大气中光线的折射现象可以把本来在地平线下的远处景物“抬升”上来，出现上现蜃景（海市蜃楼），如图 4 中上图。我国最著名的上现蜃景地点就是山东蓬莱。宋代沈括就在《梦溪笔谈》中记载过一次蜃景：“登州海中时有云气，如宫室台观，城堞人物，车马冠盖，历历可睹。”登州就是现在的山东蓬莱。相反，在沙漠中的白天，由于地面强烈受热，而空气温度相对较低时，可以出现下现蜃景，即把远处天空的景色倒映在观察者的前下方，如图 4 中的下图，成为一片蓝白色“湖水”，骗得沙漠旅行者空欢喜一场。在城市中，夏季午后黑色路面的上前方出现一汪白色的小水面，是远方天空的下现蜃景，此时还可以看到汽车同时在其上行驶。此外，世界上还有侧现蜃景和更复杂的复合蜃景，这里就不多说了。

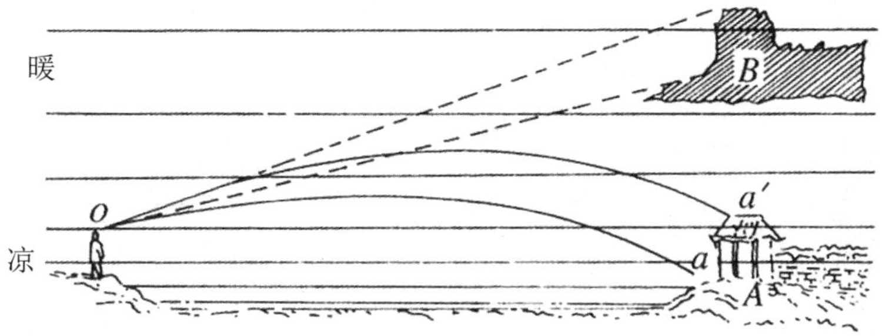

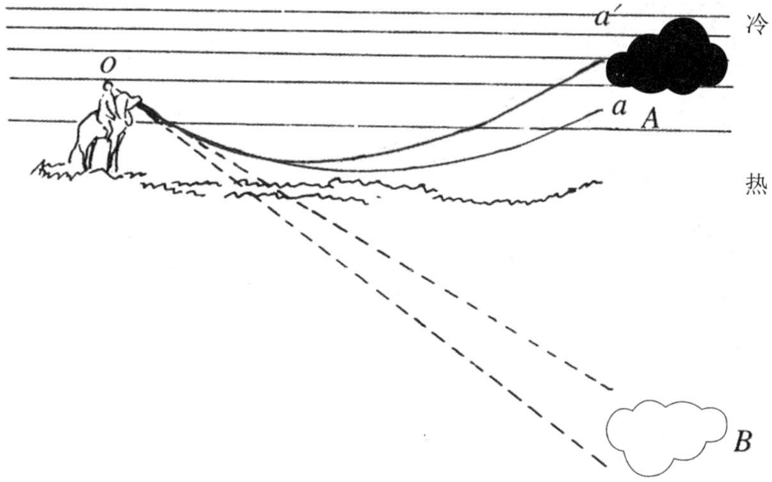

图 4　蜃景形成示意图

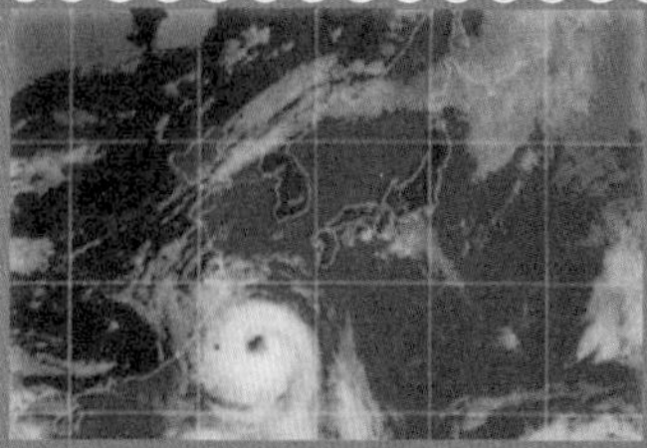
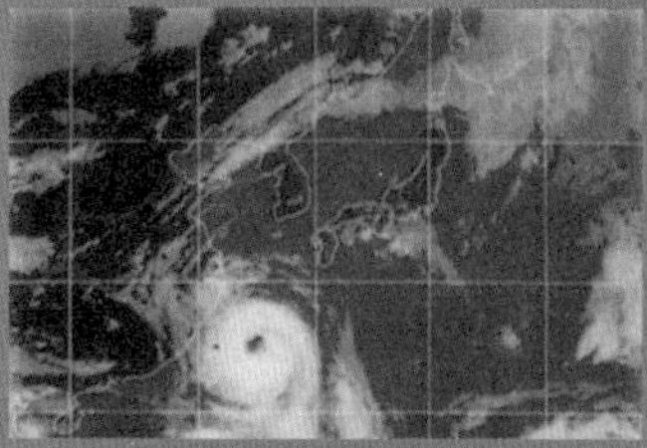
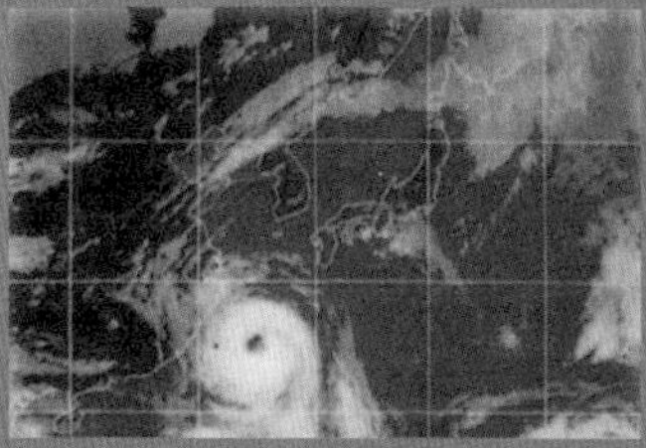
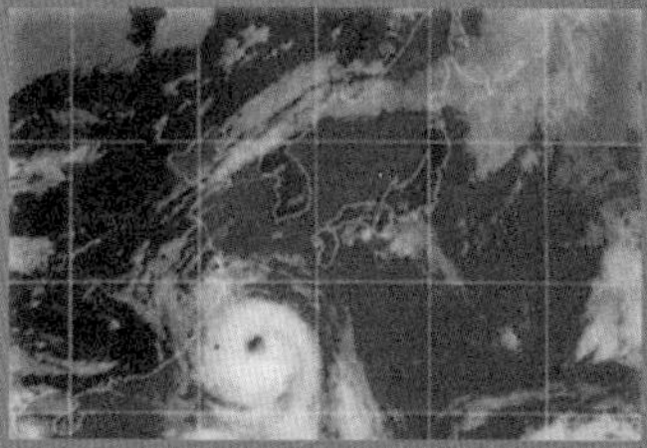
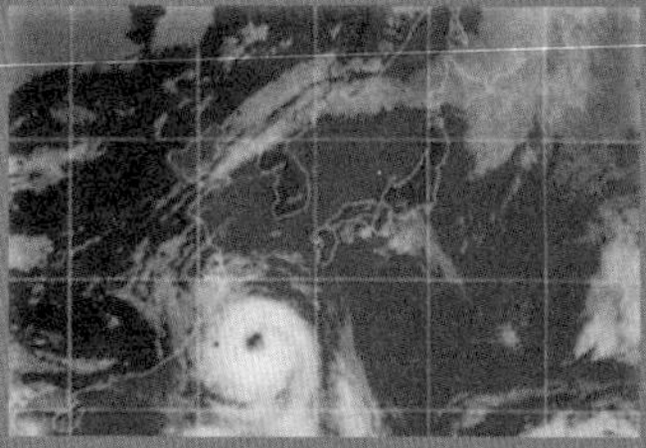
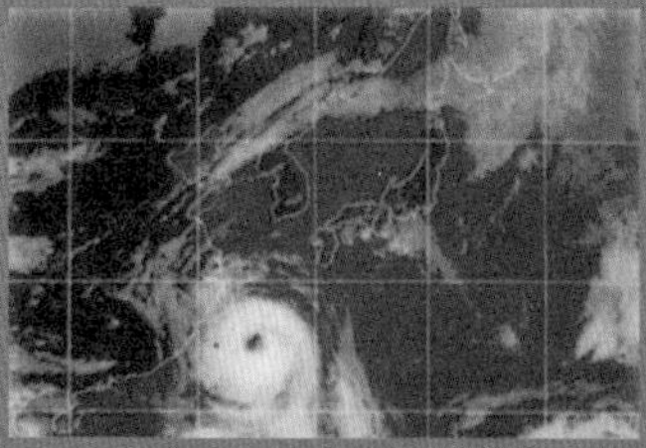

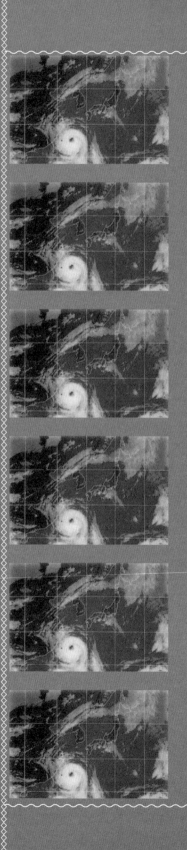

三、彩虹晕华和峨眉宝光——天空美景（二）

彩虹是大家最熟悉而又最美丽的大气光学美景之一。只要有太阳光来自身后，照射到对面正在或刚下过雨，仍有雨滴在下落的空气里，就会出现一条内紫外红的七色彩虹。彩虹的形成，主要是太阳光在圆形的雨滴内经过两次折射、一次反射，再进入到观察者眼睛的结果。（如图 5 下左）由于不同颜色的光线波长不同，它们在雨滴中“拐弯”的程度也稍有差别。因此对观察者来说，不同高度的雨滴便会出现不同的颜色。在雨滴幕上彩虹区的最上部的雨滴呈红色，然后依次呈橙、黄、绿、青和蓝色，最下部的雨滴便呈紫色的了。雨滴在不停地下降，但虹的位置不变（在短时间内太阳光入射角度可以当作是不变的），雨滴落到什么位置就呈什么颜色。雨滴落完了，彩虹也就消失了。所以，彩虹是发生在观察者眼中的一种光学现象，而并非实体。因此，即使乘了飞机，飞到了彩虹出现的位置，也是看不到、摸不着的。

在出现彩虹的同时，还常常会出现霓。它的位置在虹外侧，和虹并行排列。霓又称副虹，它的色序正和虹相反，即外紫而内红。这是因为阳光进入雨滴的角度（位置）不同，在雨滴内多了一次反射的缘故。（图 5 下右）因此霓的亮度比虹要弱得多，人们常常看不见。

在美国的热带夏威夷岛上，阳光灿烂，阵雨特多，因而也是经常出现彩虹的地方。有位摄影师连续拍摄，拍到了一组“彩虹从

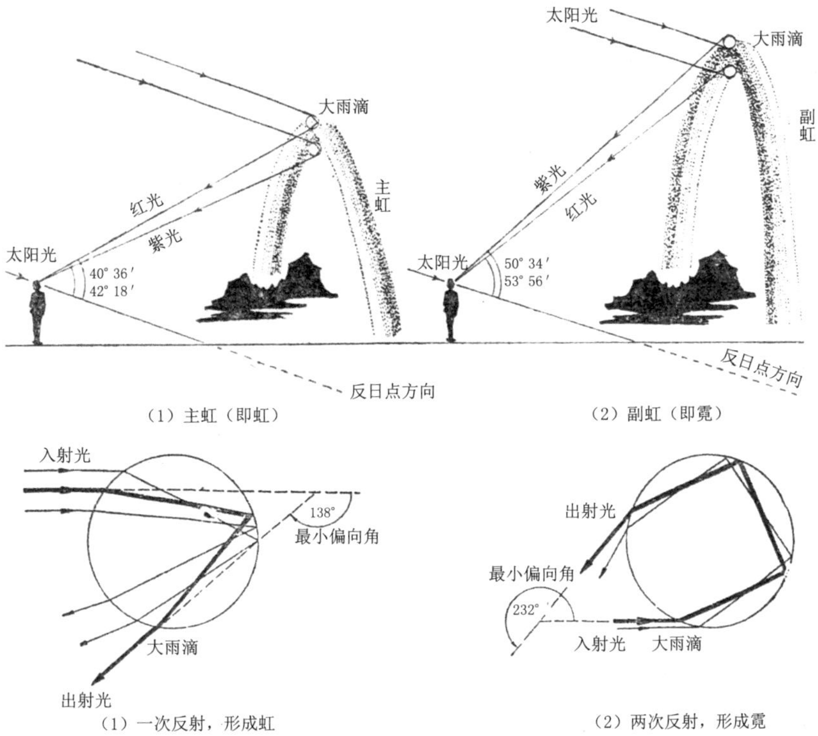

图 5　虹和霓形成示意图

海上升起”的镜头。原来这是在下午 3 时 45 分到 4 时 15 分之间，太阳逐渐下沉，因而彩虹不断上升的结果。

“东虹日头西虹雨。”这条天气谚语是说，如果早起西方有虹，当地天将下雨。这是因为太阳刚刚升起不久，西方就已经有雨（虹）。这种降雨云系，按温带地区一般规律都是自西向东移动的，当地自然不久就可能下雨了。相反，早晨见到东方有虹，说明降雨天气系统已在东方，并将继续东去，当然就更加不会影响当地了。

我们在生活中也常可见到彩虹。例如，在人工喷泉和天然瀑布的旁边就可以常常看到彩虹，或者在家里熨衣服时喷一口水，只要背后有光线过来，前方也会出现彩虹。

有时候，天上有能透过阳光或月光的薄薄高云。这时在太阳或月亮的周围会出现彩色光圈，即晕。晕是日月光通过高云中的无数冰晶发生折射所造成的外紫色内红色的光圈。如果冰晶是横着下降的，阳光从冰晶的侧面进另一侧面出，我们看到的晕圈视角是22°；如果冰晶竖着下降，太阳光线从侧面进底面出，就会出现视角为46°的大晕圈。由于降雨天气云系往往以这种高云为前导（第一梯队），因此日月晕的出现常可预兆后面的坏天气将要来临，因而有“日晕三更雨，月晕午时风”之说。有时我们看到的日月旁边的彩色光圈，其颜色排列和晕相反，即外红内紫，而且直径比晕要小得多，这叫华。华是日月光线照射到中云（中云比高云要低，一般由水滴组成），遇到云中微小水滴，小水滴作为阻碍物而发生的日月光线衍射的结果。日华因为距明亮的太阳过近，因而一般不如月华易于发现。

华俗称“枷”，好比太阳和月亮带上了枷的意思。俗话说：“日枷风，月枷雨。”它也能预兆天气变化。因为出现华的中云往往是降雨云系的第二梯队，日月晕后紧跟着出现日月华，降雨刮风的可能性就更大了。华的直径和云中水滴直径有关，水滴直径越大，华的直径越小。因此当华圈由大变小时，表示云中水滴越来越大，有可能要下雨。“大华晴，小华雨”，说的就是这个意思。

大气光象中最神秘的要数峨眉宝光。12世纪宋代诗人范成大就曾在峨眉山目睹这种宝光并做了记载。峨眉宝光就是因为在峨眉山发现并最多见（每年可有数十天）而得名的。在峨眉山，峨眉宝光上、下午都可见，一般在下午最为多见。以下午为例，阳光从西方射来，把人像投影到了对面（东方）的云雾上，人动影亦动。不过，最神秘之处在人影的四周有着像晕华一样的彩色光圈，人移圈亦移。古人不知此是云雾折射和衍射阳光造成的大气光学现象，以为是自己已经成佛（中国古代的佛画像中佛头周围都有彩色光圈），是神仙来接自己上天，所以常在一个突出的岩石上（原称睹光台，因在此看峨眉宝光位置十分理想）纵身而跳，摔死谷中。因此，这个地方后来得了个名称，叫作“舍身崖”。其实，峨眉宝光只要条件合适，其他地方也可出现，并不只限于四川峨眉山。国外以德国汉兹山脉布劳肯山最常见，所以国外都称“布劳肯幽灵”。这与我国过去称“峨眉佛光”的原因是类似的。我们有时坐飞机也可看到峨眉宝光。只要太阳在上，下面有云层，距离合适，就可以俯瞰到云层上十字架式的飞机黑影外面的彩色光圈，它随飞机前进而前进，随云的有无而有无。彩色光圈的直径则随云层高度的变化而变化。

图 6　黄山的峨眉宝光

四、大气是云雨、冰雹、雷电演出的大舞台

前面已经讲到，由于云的存在，大气中会出现晕、华和峨眉宝光等绮丽、神奇的大气光学现象。但实际上云对人类最重要的还是它能降水。雨露滋润禾苗壮，农业才能丰收。大陆上的淡水资源主要也是降水形成的，但降雨过强形成的洪涝又会给人类造成灾难。此外，云还可以制造雷鸣电闪和龙卷冰雹，演出威武雄壮的大气活剧来。云雨对人们日常生活影响也很大，所以它是日常天气预报的重要内容之一。

我们一定曾经注意到，晴天的中午前后，天上会出现朵朵白云。这种白云是因为热对流形成的。太阳晒热了地面，靠近地面的空气受热后密度变小，就会上升。空气在上升过程中由于周围压力不断减小，体积不断膨胀，消耗了内能，因而气温不断降低。随着气温的降低，空气包含水汽的能力迅速降低。当气温降低到这样一个程度，即它包含水汽的能力正好等于它实际水汽含量的时候，我们便称空气饱和了。当空气再往上升，气温继续下降，越来越多的“富余”水汽便只得另找出路，最终在尘埃等微小凝结核上凝结成微小的水滴（云滴）。无数云滴集合起来，就形成了云。由于这种云是在地面上温度相对较高的一块块区域上形成的，因此，热力抬升形成的云是一朵一朵的，称为积状云。

云的第二种形成原因是锋面抬升。当大范围的冷暖气团流相遇时，较暖的暖气团因为密度小，被迫在较冷且密度较大的冷气团背上抬升，侧面看好像冷空气团呈楔子般地揳入了暖气团的底部。暖气团在冷气团背上被迫斜着抬升时，也同样发生上述空气冷却和水汽凝结的过程。锋面抬升所造成的锋面云系因为水平方向十分均匀而且范围广大，所以常绵延几百甚至上千千米，因此所形成的云称为层状云。

云的第三种成因是大气中的波动。好比水面上有水波一样，大气中也有空气波。大气中的空气波在向前传播时，空气就会发生上升和下降运动。在波谷过去和波峰到来之间的这一段时间里，空气是上升的，在上升过程中就有可能发生水汽凝结出现云彩。大气中波动的规模可以很大，波状云有时会覆盖整个天空。白白的

图 7　斗笠云——地形状积状云

云条之间的蓝天便是空气下降运动的区域。如果大气中有两种不同方向的波动，天上还会出现好看的鱼鳞状云天。

云是在天气变化过程中形成的，因而云彩多寓有丰富的天气信息，常常可以据此做出有一定准确性的本地天气预报。这就是“云是天气的招牌”的原因。因此，气象学中十分注意云的分类。联合国世界气象组织主要根据云底高度（大体决定了云的厚度）和云状（云状和云的形成密切有关），将云划分为高云、中云和低云三个族和下面的十个属。

高云族的云底在 5000 米以上，由冰晶组成。由于云底越高云也越薄，而且高云气温低，水汽含量很少，因而高云一般不发生降水。日月光通过高云时可以出现日、月晕圈。高云中又可分为卷云、卷层云和卷积云三属，主要是根据它们的形状划分的。中云族的云底高度一般在 2500 米～ 5000 米之间，云的上部一般由冰晶或过冷却水滴（温度在零下而尚未冻结）组成，下部主要是由水滴组成。中云族中按云状分为高层云和高积云两属。厚的高层云可以降雨雪，但高积云一般不发生降水。阳光和月光透过较薄的高层云和高积云块边缘时可以分别出现日华和月华。低云族的云底高度一般在 2500 米以下，它包括五个属，层积云、层云、雨层云、积云和积雨云，前三属是层状云，后两属是积状云。由于低云厚度很大，透光性差，因此云的颜色常不再是白色，甚至呈灰黑色。五个属中除积云和层积云外，一般都可发生降水。其中最常降水而且降水比较大的是雨层云和积雨云。雨层云降水性质属连续性降水，因为雨层云是锋面降水云系中最后一部分，由于云系范围广，因此经过一个地点常需要较长时间。积雨云降水属阵性，雨强可以很大但持续时间却不长。由于积雨云范围不大，晴雨区界限常比较分明，俗话有“雷雨隔牛背”之说。2009 年夏季媒体上经常出现的“牛背雨”，就是指积雨云下的雷阵雨。

人类过去看云都是从地面向上看。人造气象卫星诞生以后，人类开始从太空向下看云。静止气象卫星（例如我国 1997 年 6 月 10 日

图 8 “风云二号”气象卫星拍摄的全球云图

发射的"风云二号"气象卫星）从35800千米高空俯瞰大地，全球风云尽收眼底，就连给人类带来重大灾难的台风也躲不过人类这只"火眼金睛"。现在世界各国都把卫星云图作为天气预报中的一个重要工具，因为云系与天气系统密切相关，云系变化常预示天气系统未来移动方向和系统强度的变化。特别是当台风和锋面天气系统迫近时，直观的卫星云图就显得特别形象。

现在我们再回过头来看看，随着气流继续上升，云中接着会发生什么变化。我们很快就会发现，当云中气温越降越低时，云中水滴变得越来越大和越来越多。当云中上升气流再也托不住它们的时候，就降落到地面上来，下雨啦！

按照中国气象局关于降雨强度的规定（包括日常天气预报），不管雨下多久，凡日雨量小于10毫米，称为小雨，10毫米~25毫米为中雨，25毫米~50毫米为大雨，日雨量大于50毫米，就是暴雨了。以上是全国性的统一雨强分级标准，也允许地方上改变自己的地方标准。例如，广东省气象局曾自行规定日雨量超过80毫米才算暴雨，因为那里日雨量50毫米的暴雨很多。可是陕西延安地区又规定日雨量30毫米以上就计为暴雨，因为那里气候比较干旱，50毫米以上暴雨太少了。新疆更加干旱，凡是日雨量超过10毫米，就称为大降水。新疆各地气象台十分重视这种天气，因为山区高处雨量较大，弄不好会发生山洪灾害。在没有防洪设施的干旱地区，可能会造成重大损失。

降雨，顾名思义，雨是从天上降下来的。可是也有些地方，天上明明晴朗无雨，可是山区小溪中照样有因下雨才会形成的潺潺溪流。原来，这是浓雾随风而来，雾中大量水滴被树木、岩石截留后下流的结果，因此被称为“水平降水”或“雾降水”。“山中原无雨，空翠湿人衣”指的就是这种情况。全世界有记载的雾降水量最多的地方，大概是南非开普敦附近的桌山，桌山上经常有著名的“桌布云”。据在海拔 1070 米处用装有树枝状触角的特殊雨量器观测，当地雾降水的年雨量为 5664 毫米，比天上降下来的年雨量（用普通雨量器观测）还多 3760 毫米！这种水平降水过去曾困惑了不少科学家。他们发现从山区河流中流出的河水径流量多到和山区测得的降水量不相称。没有别的办法，常常只好认为这是因为在没有雨量测点的那些山区雨量特别大。

冰雹也是一种降水。这种降水的水量虽很小，危害却很大。虽说“雹打一条线”，危害面积不广，但是它所到之处，庄稼几乎绝收，而且伤及人畜，是农业上的一种重大灾害性天气。

冰雹是由冰雪组成的，却偏偏下在一年中比较暖热的时候，因此必有特殊来历。如果我们剖开它一看，就可以发现，它中间有个冰雪雹心（雹胚），外面像夹心饼干一样，由一层透明的冰和一层不透明的冰雪交替包裹着，最多的时候可以有四五层。这是冰雹在云中上下左右折腾的结果。当冰雹下降（进入）到温度相对较高而过冷却水滴比较多的层次（区域），一沾就冻的过冷却水滴使它披上了一层透明的冰层。当冰雹被上升气流托着上升（运动）到气温较低而过冷却水滴又较少的层次（区域）中时，它粘上的是大量雪花和冰粒，形成的是一层不透明的冰雪层。冰雹一般都诞生在积雨云中。积雨云中垂直气流强大而且多变，因此才能多次上下左右折腾，使冰雹个儿长大到足以落到地面。否则，小冰雹只要落到中途就化为雨滴了。夏季下冰雹时会夹雨点，或者下雨时雨点中夹冰雹，这就可以理解了。

在二十四节气中有一个叫“霜降”的节气。有人将霜理解为从天上悄悄地降下来的。其实不然，霜是空气中的水汽在寒冷的地表、草叶和瓦片上直接凝华的结果。“霜降”中“降”不是降落，而是“降临”的意思。霜也是一种灾害性天气，但如果凝结时环境温度高于 0℃，形成的就是液态的露（珠）了。因此，当出现白霜的时候，说明气温已在零下，所以冻坏庄稼的实际上是零下低温而不是白霜本身。在我国西北地区，空气十分干燥，所以，即使气温在零下一二十摄氏度甚至更低，也不常会出现白霜。这种没有白霜而使庄稼遭到冻害的现象，东部地区也常见，老百姓称之为“黑霜”。“白霜冻死庄稼”这桩“千古奇冤”之案，只有现代气象科学才能为它平反昭雪。

在自然界中，大气舞台上最威武雄壮的话剧可能要数雷电现象了。

雷电以雷霆万钧之势击毙人畜，劈树毁屋，使古人们胆战心惊，误以为上天发怒，惩罚有罪之人。古代文人在雷击时吓得不敢躺着，正襟危坐反省自己，“君子以恐惧修省”（《周易·周震》）；圣人“虽夜必兴，衣服冠而坐”（《礼记·玉藻》），表示“敬天之怒也”。

其实，打雷是一种正常的自然现象。雷电一般都发生在积雨云中。这种云里垂直气流十分强盛，气流和其中水滴发生摩擦，以及水滴破碎等都会使云中产生电荷。一般云内上部带正电荷，中下部带负电荷。当电位差达到一定程度时，就会产生放电，这就是闪电。这种闪电称为“云闪”，因为闪电发生在云内。还有一种闪电叫“地闪”，这是云底和地面之间的闪电，主要是由云底的负电荷，感应产生了地面的正电荷，当两者电位差大到放电程度时发生的。在大气放电过程中，闪道内温度猛升，水滴汽化，空气急剧膨胀，产生巨大的冲击波和声波，这就是雷声。

所以，打雷和闪电实际上是同时发生的，只不过光速比声速快得多，因而人们先见到闪电后听到雷声罢了。

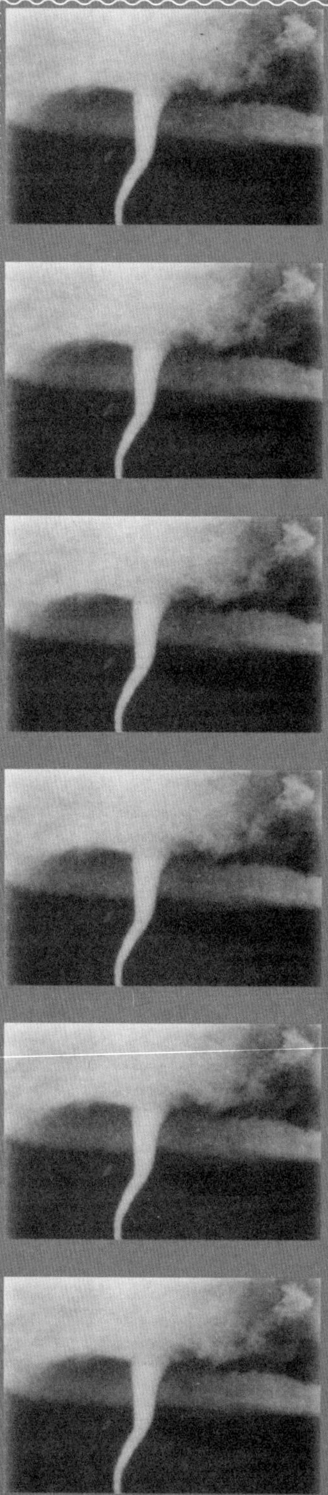

五、人类开始干预老天爷的工作——人工影响天气

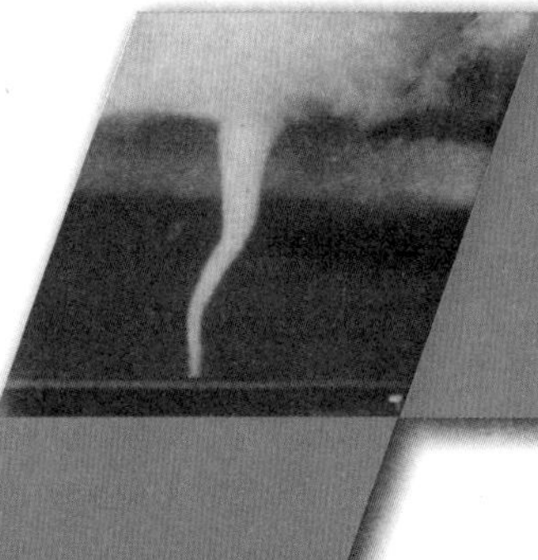

我国是个淡水资源不足的国家，是世界上 13 个贫水国家之一。我国又是个自然灾害多发的国家，近几十年来每年因自然灾害平均损失数百亿元人民币之多，其中以气象灾害损失最大，占了其中 60% 以上。而气象灾害中又以大范围的旱灾损失最大，占了气象灾害损失的 62%。可是大地干旱时，天上常常仍有云。云滴虽小，但总水量十分可观。把云中的水降些到地面上来，或者使本来只下小雨的云下大一点的雨，这就是人工增雨技术。我国最早的人工增雨试验是 1958 年在吉林省开始的。那年吉林遭到 60 年未遇的大旱，而人工增雨却获得了成功。现在我国已有十几个省开展了人工增雨试验和研究。我国的人工增雨工作还曾在扑灭 1987 年 5 月大兴安岭特大森林火灾中发挥了重要作用。

要进行人工增雨，首先要分清暖云和冷云。云体温度在零下的叫冷云，在零上的叫暖云。因为对于冷云和暖云，人工增雨的原理和方法都是完全不同的。我们先说人工冷云增雨。

要不下雨雪的冷云发生降水的关键，是要使云内有足够数量的冰晶。因为冰面上的饱和水汽压比水面要低，因此，当云内冰晶和水滴（零下而未结冰的过冷却水滴）同时存在时，水滴中的水会自动蒸发，并凝华到冰晶上，使冰晶不断长大成为雪花，最后降到地面上。如果云的下部和地面气温在零上，雪花融化成为水滴，就是降雨了。冷云降水的这种原理，便是著名的“冰水转

图 9　利用火箭人工增雨

化理论”。

但是在自然条件下，云中即使温度很低，但冰水转化仍不发生。为了使这种云降雨雪，必须在云中人工制造大量冰晶（冰核）。目前常用的办法是在云中播撒干冰（固体二氧化碳），干冰的温度是 -78.2℃，大量冰晶的出现，使冰水转化大大加速，形成大雪花降落（如地面附近温度在 0℃以上，即融化而为雨）。近年来还有用液氮做催化剂，它的温度是 -195.8℃，效率就更高了。

暖云中都是水滴，因此要不降雨的暖云发生降雨要另想办法。不降雨的暖云之所以不降雨，主要是云中水滴太小，长不大，落不下去。因此暖云人工增雨的关键就是在云顶部播撒大水滴（作为种子），或者在云中播撒极强的吸湿性物质的微粒作为凝结核，从而在短时间内形成比较大的水滴。这种大水滴在下降过程中会吞并较小（因而降落速度较慢）的小水滴而迅速长大。当水滴直径长大到 3 毫米以上时，还会在升降过程中发生破碎。这些碎水滴又会成为新的种子，产生连锁反应，最后发展成为大批大雨滴而降落到地面。这叫作暖云降水的“碰并增长理论”。

经过实验，在云顶部播撒大水滴（直径为 30 微米～ 40 微米），虽然成本低廉，但效果也不太好。暖云人工增雨的吸湿性物质目前主要有盐粉（氯化钠）、氯化钙、尿素、硝酸铵等。经试验，人工增雨飞机每千米飞行撒播 24 千克盐粉效果较好。不过盐粉和氯化钙等碱性物质对设备和飞机以及农作物都有一定腐蚀作用，所以我国空军现在已禁止在飞机上用盐粉进行人工增雨。尿素和硝酸铵也有很强的吸湿性能，而且腐蚀作用很小，本身又是农作物生长的肥料，因而是有效而实用的暖云人工增雨催化剂。

关于人工增雨的效果，以色列曾对 15 年中 779 个试验日和 425 个催化日进行统计，得出增雨率为 13% ～ 15%，这个数据得到国际科学界的公认。我国 1975 年—1986 年在福建古田水库进行了长达 12 年的试验，结果平均增雨率为 20%。这在国内还是比较权威的。

人工消雹的方法，一般是利用高射炮发射弹头中装有碘化银的炮弹，在云内爆炸。碘化银颗粒是一种类似于冰晶的物质，它能代替冰晶在云中起到冰水转化作用。雹云中突然杀出了这一大批“程咬金”和冰雹争夺水分，结果自然冰雹和人工“冰雹”谁也长不大，落下去统统都成为雨滴。所以人工消雹的同时也常常能人工增雨。这对我国北方时有干旱的地区来说，真是化害为利，一举两得。由于高炮消雹经济效益显著，我国甚至已有多篇农民自己买高炮消雹的报道。

和云一样，雾也有冷雾和暖雾两种。人工消冷雾的原理和人工冷云增雨一样，可以用干冰使大批过冷却水滴冻成冰晶，或者直接燃烧碘化银制造人工冰晶，以产生冰水转化过程，使冰晶迅速增大，降到地面而消雾。人工消暖雾也和人工暖云增雨原理一样，在雾中大量播撒吸湿性物质微粒，使之迅速长大成为水滴，掉到

图 10　人工高炮消雹

地面而消雾。但也有用暖风机（如飞机的发动机）发出高温空气使雾中相对湿度降到 100% 以下而消雾的成功试验。现在世界上有一些机场（例如法国巴黎戴高乐机场）人工消雾已成为机场的一项业务性工作。据《北京青年报》1997 年 12 月 19 日报道，历时四年的我国北京首都机场用液氮进行人工消雾的试验也已告成功。

1993 年 5 月在上海举办的第一届东亚运动会上，为了保证 5 月 9 日开幕式上不下雨，使大型跳伞、团体操和艺术表演顺利进行，会务组还曾试验过人工消雨。同样，2008 年奥运会上，我国也组织了人工消雨保障团队，如图 11。其原理实际上还是人工增雨，即

■ 图 11 2008 年奥运会外场飞机人工消雨保障团队

在需要消雨现场的天气上游地区，用飞机施行人工增雨，大量消耗云中水汽，使云层移到下游目标区时减弱消散，至少不发生降雨。在世界上也有过多起人工消雨试验，例如，莫斯科多次人工消雨，主要是为了红场检阅；切尔诺贝利核电站附近人工消雨，主要是为了避免雨水横流把核污染通过地面途径而扩散。据了解，试验多是成功的。

此外，世界上还曾经试验过人工影响台风。例如，降低台风中最大风速区的风速，改变台风移动路径等。总之，由于科学的发达，人类开始成功地干预本该是老天爷的工作。当然，由于科学技术的限制，目前人类干预的程度还很有限，水平还有待提高。例如，人工消雨试验也只是对比较弱的天气系统才比较有效，远不是在所有情况下都能进行作业并取得成功的。所以，气象部门常说“人工增雨”而不说“人工降雨”，常说“人工影响天气”，而不说“人工控制天气”，就是这个道理。

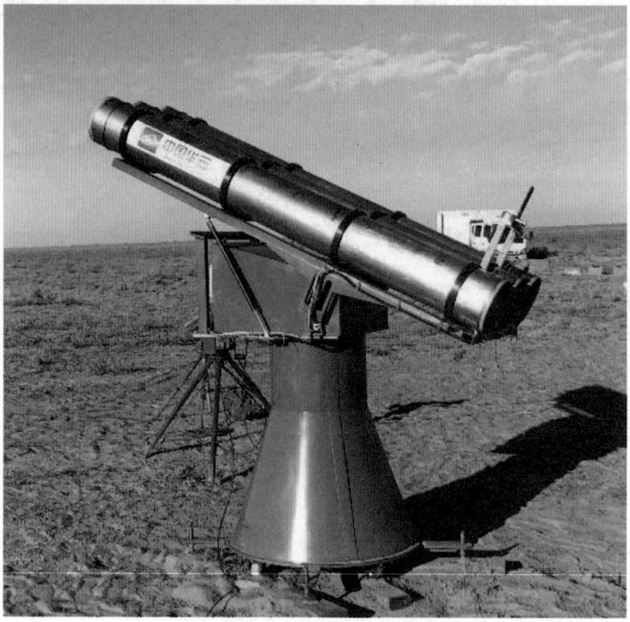

■ 图 12　最新人工智能增雨、防雹火箭

六、隆冬盛夏两次印象深刻的旅行——气温与四季（一）

让我们安排一次从祖国北极村漠河到南海诸岛的气候旅行，时间是隆冬 1 月。

北极村漠河，位于黑龙江边，是我国最北的一个行政村。这里是我国冬季中最冷的地方，1 月平均气温 -30.9℃。1969 年 2 月 13 日这里还曾出现过 -52.3℃的极端最低气温记录。隆冬季节，黑龙江江面冰厚 1.5 米～ 2 米，大地也冻得硬邦邦的，地面 2 米以下，还有一层 1.5 米～ 2 米厚的终年不化的永冻土，家家户户的室外菜窖必须挖到 6 米左右的深度，才能保证蔬菜不冻。这里冬季中自然界千里冰封，万里雪飘，如果不是还有树木和人烟，真以为来到了北极地区。

作者在 1996 年 11 月 9 日，曾作为中央电视台《正大综艺》341 集（气象专集）的科学顾问来到这里，遇到了 -39℃的低温。记得当时脸上冻得直发痛，说话多了舌头也不太好使唤。一张口，会呼出 1 米左右长的白色气柱。气柱所及，姑娘鼻下会长出可见的“白胡子”，小伙子的黑发会立刻“染”白。拍摄久了有人想抽支烟，可是因低温，打火机老是打不着。作者平时好使的圆珠笔，到这里也冻得不出油了。

好，现在旅行开始。我们从县城西林吉镇（漠河村以南约 60 千米）登上火车，来到哈尔滨。这里 1 月平均气温 -19.4℃，午后最高气温平均也在 -13℃左右，是我国冬季举办冰灯展、冰雪节规模最大的城市。我们继续南下来到沈阳，这里1月平均气温-12.7℃。沈阳以南冬季午后气温也有可能升到0℃以上，阳光下冰灯已易于融化。进入山海关，到达首都北京，1月平均气温-4.7℃。地面上一般已很少见到积雪，田野里已有冬小麦在静静地越冬。我们乘火车继续南下，过石家庄、郑州，窗外景色和北京相差不多。到了淮河，这里1月平均气温已经升到0℃以上。淮河是我国冬季中不封冻且最北的一条大河。从这里开始，冬季中不落叶的阔叶常绿树也开始出现，并越来越多。过武汉，到长沙，这里除了寒潮天气以外，冬季已很暖和。长沙1月平均气温升到4.7℃。田野里正在生长的油菜、蚕豆和绿肥作物，使自然界显得更加生机勃勃。

列车经过南岭进入广东，景色与湖南又大不相同。不仅树木全年常绿，连草也都是青青的。特别是那鲜红色的土壤上生长着的苍翠欲滴的青松，使我们不禁想起了北方的松柏现在正傲立于霜雪之中。广州市1月平均气温13.4℃，一排排红色羊蹄甲行道树染红了街道两旁。虽然日历上是大寒节气，可这里的公园却照样百花齐放。北方人似乎早已忘记了的蚊帐，这里还高高挂着。接着我们渡过琼州海峡，来到海南岛和南海诸岛旅行。这里热得只能穿夹克衫甚至单衣。南沙群岛1月平均气温已经和北京7月平均气温（25.8℃）一样了。

瞧，我们伟大祖国的国土多么辽阔，冬季中南北气候对比是如此鲜明！

图 13　哈尔滨兆麟公园中的冰雕

到了盛夏7月，如果我们再来做一次这样的南北旅行，就会发现，南北气温对比鲜明的情况已经有了很大的不同。淮河以南7月平均气温都在28℃以上，长江中下游地区因为有伏旱，还可以升到30℃左右，是我国东部地区夏季中最热的地方。南京、武汉和重庆还号称“长江流域三大火炉”。不过淮河以北也并不凉快，一直到华北平原北端，北纬40°左右的北京7月平均气温仍在26℃左右，有一个相当高温的夏天。只有到了东北，才比较凉爽。例如，哈尔滨7月平均气温22.8℃，晚上已需关窗盖被睡觉。但哈尔滨白天气温尚高，松花江太阳岛上游人如炽，过去几乎每年都组织横渡松花江的游泳活动。所以哈尔滨人是最爱他们的夏天的。这时我们如果再北上到达漠河村，就会发现虽然那里7月平均气温只有18.4℃，可是午后最高气温只比哈尔滨低2℃。每年总有8天～10天最高气温可以超过30℃，1994年7月16日这里还出现过38℃的高温哩！

我国南北之间，冬季温差大夏季温差小的原因，主要与太阳辐射热量分布有直接关系。夏季中，虽然北方的太阳高度比南方低得多，但是北方夏季白昼的长度也比南方长得多，因此南北方阳光热量总辐射相差不是很多。所以，广州和哈尔滨两地7月平均气温，哈尔滨只比广州低5.6℃。而在冬季，北方不仅太阳高度比南方低得多，而且日长也比南方短得多，因此才使广州和哈尔滨两地1月平均气温相差高达32.8℃，见图15。

图 14　20 世纪 90 年代的广州春节花市

不过，我国夏季气温最高的地方还不是长江中下游地区，而是在新疆吐鲁番盆地之中。因为这里气候干旱，天上没有云层遮挡阳光的热量，地上没有水分蒸发以降低温度，而盆地地形又不利于热量向四周散发，因此这里 7 月平均气温高达 32.7℃，午后最高气温超过 40℃的日子平均每年还有 38.2 天之多。2008 年夏，《中国国家地理》杂志社组织，我具体设计的一次艾丁湖底（艾丁湖是吐鲁番盆地底部）的科学考察中，8 月 3 日在海拔负 150 米的测点上还曾出现过 49.7℃的全国最新高温纪录。吐鲁番夏季午后地表最高温度常常超过 70℃，野外曾测到 82.3℃的极高值。有人曾把几个鸡蛋埋在阳面沙堆下，40 分钟后鸡蛋已基本熟了，只有少量蛋黄还未完全凝固。清代萧雄的《西疆杂述》（诗集）(1893) 中还有“以面饼贴之砖壁，少顷烙熟，烈日可畏”的记载。

作者曾于 1982 年 6 月 23 日在吐鲁番盆地停留 24 小时，这天最高气温为 43.8℃。作者发现人们虽然大量喝水，但尿量不多，原来水分大都从汗液中排泄了，可奇怪的是，人们并没有感到出汗。原来吐鲁番夏季不仅极端高温，而且极端干燥，当汗滴还没有来得及冒出皮肤的时候，就已经被蒸发光了。有时在皮肤上会留下一些细盐末，这就是出过汗的有力证据。

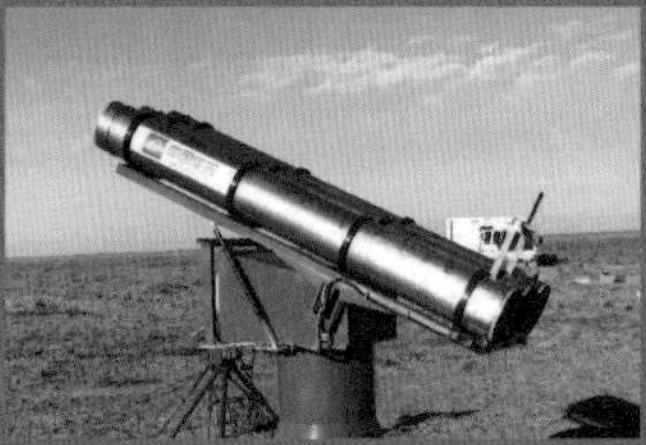

七、隆冬皮棉夏『赤膊』，早穿皮袄午穿纱——气温与四季（二）

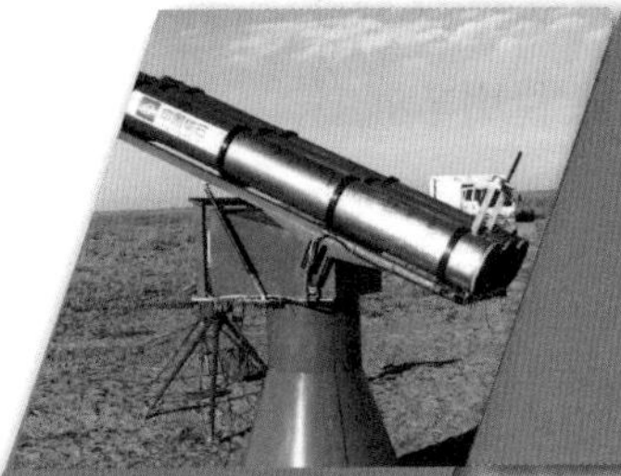

一个地方最热月和最冷月平均气温之差，叫作气温年较差。气温年较差是从低纬度向高纬度增大的。例如，西沙群岛最热月平均气温 28.8℃，最冷月平均气温 22.8℃，即气温年较差为 6.0℃。广州年较差为 14.9℃，武汉为 26.2℃，北京为 30.7℃，哈尔滨为 42.4℃，漠河则达到了 49.3℃，已经逼近 50℃大关了。这一规律从图 15（两条曲线之间的距离随纬度增加而迅速增大）中可得到证实。如果我们再向北去，西伯利亚纬度 67° 33′ 的维尔霍扬斯克，1 月平均气温 -46.8℃，7 月平均气温 15.7℃，年较差高达 62.5℃！气温年较差向高纬度增大的原因，就是前述的冬季平均气温向北降低的速度远大于夏季。

对于巨大的气温年较差，动物各有其适应的办法。蛇蛙之类进洞冬眠，秋进春出；燕子等候鸟则万里迁徙，春来秋去。那些既不能迁飞，又不能冬眠的动物，则在秋末换上一身新毛或者生长新绒（如山羊），也能安全过冬。可是人类却只能利用衣服来调节，这倒也省去了迁飞冬眠（有危险）之苦。于是就有了“隆冬皮棉夏‘赤膊’”的情况发生。

比西沙更南的赤道地区，是世界上气温年较差最小的地方。因为那里太阳终年位于天顶（四季热量都很多），而极地的冷空气又到不了那儿，所以，赤道地区气温年较差一般只有 2℃左右。可是，那里午后最高气温与清晨最低气温之差（称为气温日较差），

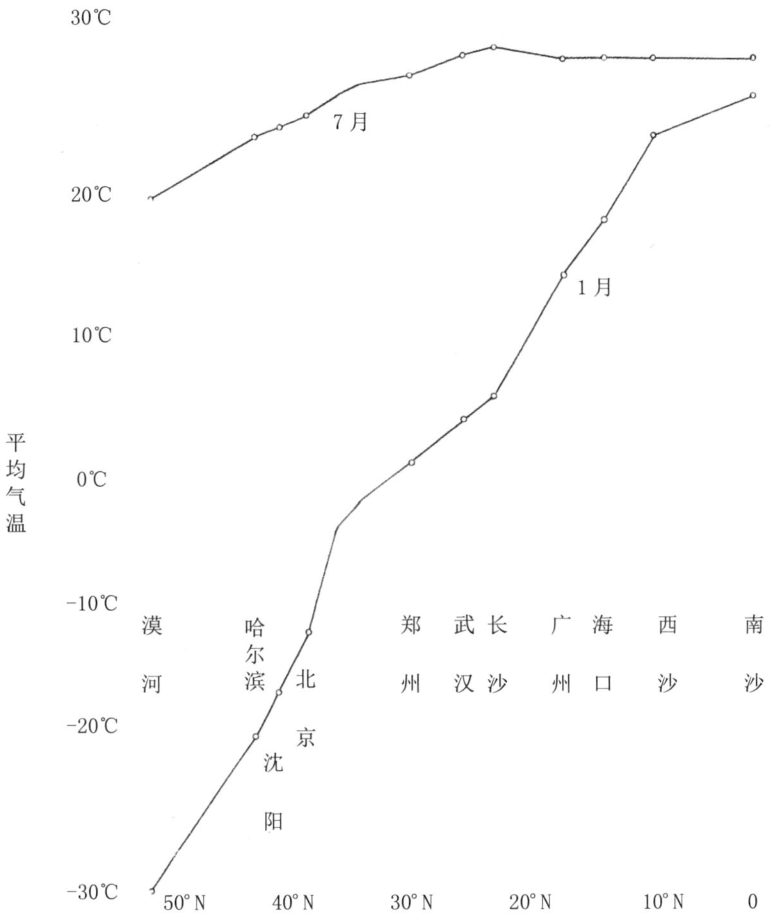

最低气温（℃）	-30.9	-19.4	-12.0	-4.6	-2.9	-0.3	3.0	4.7	13.3	17.2	22.9
最高气温（℃）	18.4	22.8	24.6	25.8	26.6	27.3	28.8	29.3	28.4	28.4	28.7

图15　我国1月、7月南北平均气温及南北温差

在陆地上则一般可以达到8℃之多。因此，那里一年中经历的冷热变化，还没有一天之中来得大，因而有“夜即赤道之冬”的说法。

气温年较差特别大的地方，春秋季中的温度变化也特别快。例如，广州4月比3月平均气温上升4.1℃，10月比9月降低3.2℃，而北京的分别为8.8℃和7.0℃，漠河的分别达到13.6℃和16.3℃之多。春秋季升降温一快，自然界物候现象的节奏也就加快了。例如，北方树木春季发叶特快，北京一般十来天工夫，行道树叶就从无到有，从小到大，整整齐齐的了。在西伯利亚，还有春季树叶“像拍电影般速度”生长的说法。在秋季末，强冷空气一到，北方的树叶常冻枯在树上。这种枯叶质地很脆，但仍然呈绿色，被大风刮落地面，又被踩成粉末，连路也成青的了。这种事，在同纬度温暖的海洋性气候中是不会发生的。

气温日较差，全世界都以小海岛上为最小。例如西沙群岛，年平均最高气温28.7℃，年平均最低气温24.9℃，年平均气温日较差便只有3.8℃。大陆上因为土壤在阳光下易热，夜间易冷，所以，气温日较差比海岛大得多。我国南方因气候较湿润，加上云雨调节，因此年平均气温日较差还只有8℃左右，北方就升到12℃左右了。西北干旱地区天上无云地上无水，年平均日较差高达14℃左右。尤其是昼夜等长的春秋季，白天充分受热，夜间充分冷却，气温日较差全年最大，达到18℃左右。例如，吐鲁番盆地中的10月份，午后最高气温平均27.5℃，经常可达到30℃以上，但清晨最低气温平均又只有 9.3℃，有些日子可以降到 5℃以下，所以，吐鲁番盆地素有“早穿皮袄午穿纱”之说。

但是，我国气温日较差最大的地方，还是在青藏高原海拔 4000 米以上的河谷之中。因为这里大气十分稀薄，加上因气温低，大气中云和水汽都很少，大气温室效应很弱。白天阳光炽烈，夜晚辐射降温迅速。加上河谷地形中白天阳光热量不易外散，夜间又有从两坡流下来的更冷气流（山风），因此气温日较差比新疆任何地方都大。例如，珠穆朗玛峰脚下的定日盆地海拔 4300 米，年平均气温日较差高达 18.3℃（年平均最高和最低气温分别为 10.2℃和 -8.1℃），其中最晴好的 12 月还可高达 23.8℃。1967 年 1 月 13 日测出的最高气温为 7.1℃，最低气温为 -23.5℃。这天的气温日较差已超过了 30℃！但仍不是最大的。

前面已经讲到，同在隆冬 1 月，北方是严冬酷寒，可是岭南两广却春暖花开，南海诸岛更是夏热天气，丝毫没有冬季的影子。这不就乱套了么？能不能根据实际气温情况，把四季划分得和人们的生活实际相一致起来呢？

答案是肯定的。关键是要找到划分四季的气温标准。实际上，在新中国成立以前，我国气象学家已经根据自然界的物候，如植物的开花、候鸟的来去等等，确定出平均气温 10℃以下的较冷时期为冬季，22℃以上暖热穿单衣时期为夏季。因此，从 10℃上升到 22℃是春季，从 22℃下降到 10℃就是秋季了。如果按照这个标准，那么我国东部的大部分地区都是有冬有夏的四季分明的类型。其中尤以长江中下游地区为四季分明区的中心：这里冬季寒潮南下时常有0℃左右的阴冷天气，夏季在副热带高压控制下又常出现35℃以上的高温伏旱炎热天气。从四季分明区向南，武夷山南岭以南的两广地区，因为冬季中这里已暖到10℃以上，不再有气候上的冬季，因而成为长夏无冬、秋去春来的四季类型。更南的南海诸岛，即使隆冬季节，平均气温仍在22℃以上，是我国的四季皆夏之区域。东部地区的哈尔滨和齐齐哈尔一线以北，即使盛夏季节，平均气温也升不到22℃以上，因此又是长冬无夏、春秋相连的四季类型。

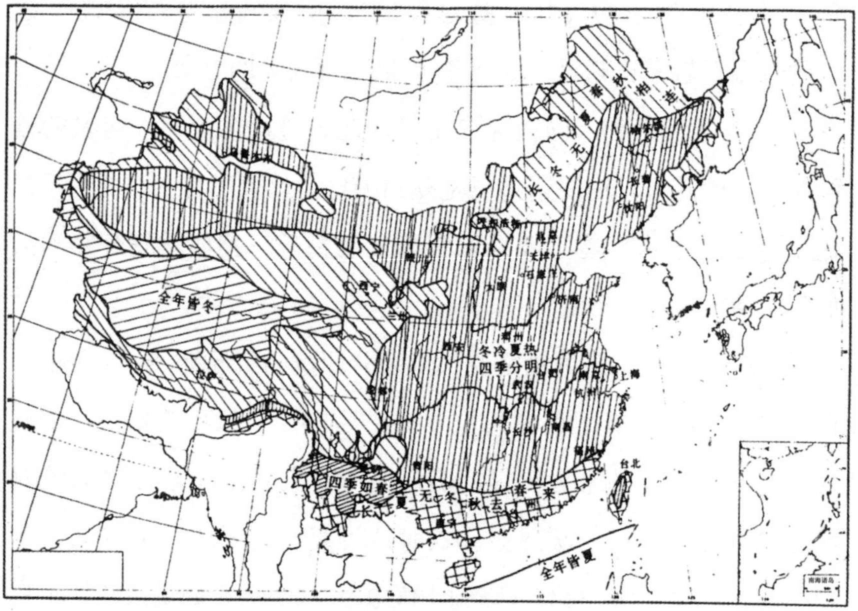

图16　我国四季变化类型简明示意图

八、冷湖、暖盆、大温室和垂直气候——气温与四季（三）

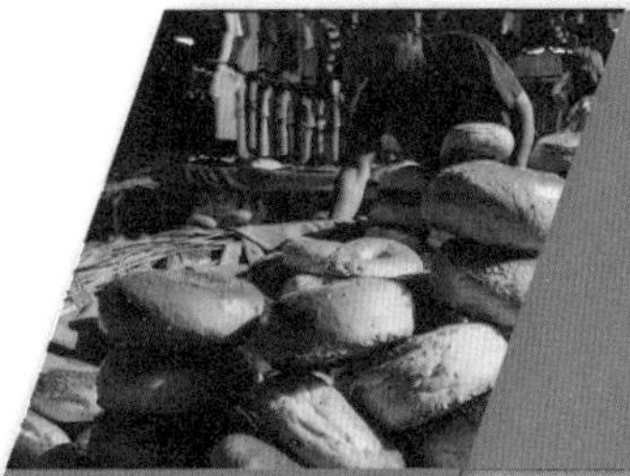

唐代著名诗人白居易在庐山风景区“花径”（仙人洞附近）游览时，曾写了一首诗：“人间四月芳菲尽，山寺桃花始盛开。常恨春归无觅处，不知转入此中来。”诗的意思是：平地上 4 月份花朵早已凋谢了的时候，高山上寺庙里的桃花刚刚盛开。万紫千红的春天是多么的美呀，可是春去夏来是自然界的客观规律。大地上春天过去了，到哪儿再去找春天呢？原来，平地上入夏时节，山上仍然是明媚的大好春光。从山下走到山上，不就又回到春天了吗？

为什么山上春季来得比山下晚呢？因为山上气温比山下低，因而春季姗姗来迟。那么，为什么山上气温比山下低呢？

原来，白天气温上升不是空气直接吸收了阳光短波辐射热量的结果。空气分子几乎是不吸收波长比较短的阳光热量的，而是由地面吸收了太阳短波辐射热量以后，升高了地面温度，然后主要通过空气上下对流方式向大气输送热量。这好比锅底下生火，锅中的水就热了的道理一样。同样，夜间气温的降低也是因为地面向太空辐射冷却（因地面温度比太阳低得多，因此辐射出的波长较长，人眼看不见，称为长波辐射）后，再通过接触冷却使气温降低的。

高山和平地相比，大气被子薄了许多。大气变薄，虽然可以减少太阳热量在通过大气途中的损耗，但减少得很有限。可是由于高原高山上空大气中云和水汽很少，不能大量地吸收地面向太空辐射的长波辐射热量，并以逆辐射的方式把其中向下这部分热量还给地面，起到增温保暖作用，所以，随着海拔高度的上升，气温是逐渐降低的。

因此，如果我们在 4 月登到比庐山更高的地方，就会走到春天的前面——桃花还没有开放的冬天。例如，同纬度上海拔 3079.3 米的四川峨眉山，4 月平均气温只有 3.3℃，霜雪频繁，常有零下低温，便是真正的冬天了。

所以，在我国西部的青藏高原上 3500 米以上的北部地区到 4000 米以上的南部地区，盛夏 7 月平均气温也升不到 10℃以上，是我国唯一的四季皆冬地区。

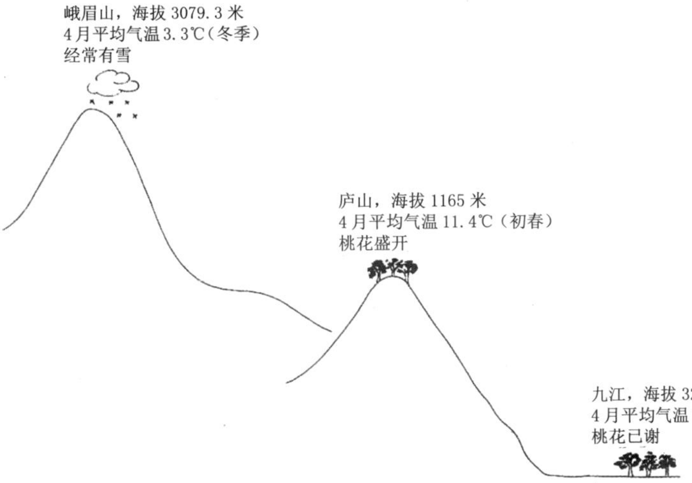

图 17　九江、庐山、峨眉山 4 月气温、物候对比

不过这种全年皆冬，并不是因为纬度高，而是海拔高造成的。因此，这种低纬高度上的四季皆冬气候，与高纬平地上的四季皆冬气候，感觉上是大不相同的。例如，在高原上，当人们从室内走到室外，在阳光下立即会感到热流满身。“日照胸前暖，风吹背后寒”倒可以用来形容这种阳光辐射气候。有时候，太阳从云里钻出来，透过窗户，一下照到室内你裸露的皮肤上，甚至会吓你一跳，产生被烫着了一样的感觉。而这在高纬平地的四季皆冬区（例如西伯利亚）是绝对不会发生的。

在青藏高原边缘，海拔低于3500米的地区，开始有了春秋季的温度，因此，四季类型便变成了（因高度形成的）长冬无夏、春秋相连。海拔更低的新疆的盆地（海拔500米～1000米）夏季还有高于22℃的时期，这些地方便和东部广大地区的四季分明区连成了一片。

在我国云南西部的横断山脉地区，由于从山顶到山谷底部，高度差可达2000米以上，因此便出现了垂直气候带和垂直农业带奇观。山顶是积雪区和寒带，青稞只能在向阳暖和的地方生长。山坡中部是寒温带和温带，青稞、洋芋、小麦均可生长成熟。山坡下部的亚热带甚至水稻一年两收。在横断山区南部海拔900米（局部地区700米）以下的河谷里，咖啡、可可、油棕、胡椒等热带经济作物时有出现。在元江河谷中，作者有一次乘汽车一日之中从高山到谷底（南沙村），一路上看到了苹果园（温带）、柑橘园（亚热带）和香蕉园，甚至还见到了菠萝、木瓜和芒果等许多热带水果。

就是家畜，横断山区也有明显的垂直分布。以牛为例，高山区主要放牧耐寒的牦牛，中山区用犏牛、黄牛耕旱地，低山区则是用最不耐寒的水牛在水稻田里犁田作业。

如果“人间四月芳菲尽，山寺桃花始盛开”是说气温垂直变化的话，那么，“南枝向暖北枝寒，一种春风有两般”说的就是气温的水平差异了。它们是古诗《早梅》中的两句。诗中描述的是庾岭的物候现象，庾岭即大庾岭，是南岭中的一条山脉。诗中“枝”指的是梅树，南枝和北枝分别指山脉南北的梅树。“一种春风有两般”的意思便是，在同一季节同一日子里，山南山北气候并不一样。诗人借用梅树来表现冬季中山南温暖，山北寒冷。

其实，这两句诗说的也是北半球亚热带、温带广大地区的普遍规律。因为冬季中从北方南下的冷空气常受到东西走向山脉的阻挡，因而山北便常常要比山南冷许多。以南岭山脉为例，岭南广东韶关1月平均气温10.0℃，而120千米以北的岭北湖南郴州，由于经常处在冷空气之中，1月平均气温只有5.8℃，相差4.2℃，即使扣除海拔高度的影响，两地温差仍达3.7℃。可是从郴州往北，大约要到湖北北部，即大约650千米距离，1月平均气温才再降3.7℃。由此可见南岭阻挡冷空气作用之强。

横亘新疆中部的东西向天山山脉，比南岭还高得多，冬季中经常阻挡冷空气南下，因而使准噶尔盆地成为我国冬季中最大的冷空气湖。冷空气湖的“湖面”，在天山北坡乌鲁木齐附近大约2200米高度，即冬季1月平均气温一直向上逆增到这里，才开始出现向上降温的正常规律。而同纬度上的我国东北地区，冬季从北方南下的冷空气比天山还冷，但因南侧没有高大的东西向山脉阻挡，便也没有这样的冷空气湖现象。

西北有缺口的准噶尔盆地冬季中因此被灌成了个巨大的冷空气湖，而西北没有大缺口的南方封闭盆地则往往形成暖湖。四川盆地就是这样的暖盆地。从位于同纬度上盆地内（泸州）外（湖南常德、江西鄱阳、浙江衢县）的温度对比（见下表），便可以清楚看出这个暖湖在冬季中有多温暖。

实际上，由于泸州海拔有335米，比盆地外3站平均高出约300米，因此，订正到3站同高度上以后，以1月平均气温为例，泸州比盆地外3站平均气温要高出4.2℃之多，而不是表中的2.9℃。

地名（海拔高度，米）	1月平均气温(℃)	极端最低气温(℃)	全年有雪日数(天)	全年有霜日数(天)	全年最低气温≤0℃日数（天）
四川泸州（335）	7.7	-1.1	1.5	2.5	0.4
湖南常德（35）	4.4	-13.2	12.7	26.1	13.1
江西鄱阳（40）	4.9	-8.2	6.1	28.7	23.0
浙江衢县（67）	5.2	-10.4	8.9	31.3	23.4

表1　同纬度上不同地区的气候变化对比

还有一个很有趣的事实，那就是每当强冷空气南下，东部地区霜冻区甚至已经迫近南海之滨的时候，四川盆地（或盆地南部）有时仍可以无霜。这也可以从泸州历史上出现的极端最低气温（-1.1℃）比两广沿海的广东阳江（-1.4℃）和广西北海（-1.8℃）还高的事实中得到证明！

不过，如果把四川盆地暖湖与它西南侧的云南和川西南这个大温室来比，四川盆地暖湖的水平就是小巫见大巫了，因为四川盆地周围山脉较低。

我们先来看两个事实。桂林和昆明基本上是同纬度的，两地 1 月平均气温也都很相近，都在 8℃左右。可是昆明海拔 1891 米，竟然比桂林海拔（162 米）高出了 1729 米！湖南郴州和云南西部六库（怒江州委所在地）纬度也是相近的，且六库海拔 910 米，比郴州还高出 725 米，可是六库 1 月平均气温（13.6℃）反比郴州（5.8℃）高出 7.8℃！如果用云南地区冬季气温垂直梯度 0.6℃ /100 米来订正到桂林和郴州的高度上，省内（昆明、六库）和省外（桂林、郴州）的水平温差竟分别高达 10.2℃和 12.2℃！而正常年份中广州和武汉间 1 月平均气温的温差也不过 10.3℃。所以称云南和川西南在冬季中是我国的“大温室”，是一点也不过分的。

大温室的形成原因主要也是山脉地形。

原来，川西高原和云南高原的东部都有高峻山脉（例如贵州和云南之间的乌蒙山脉），主峰海拔在 3000 米～ 4000 米。而从西

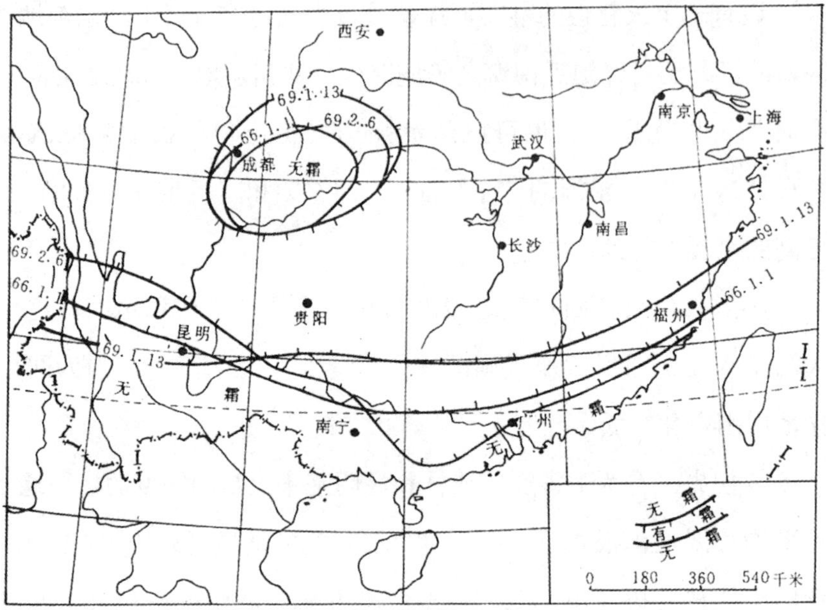

■ 图 18　四川盆地地形对霜冻的影响——孤立无霜区

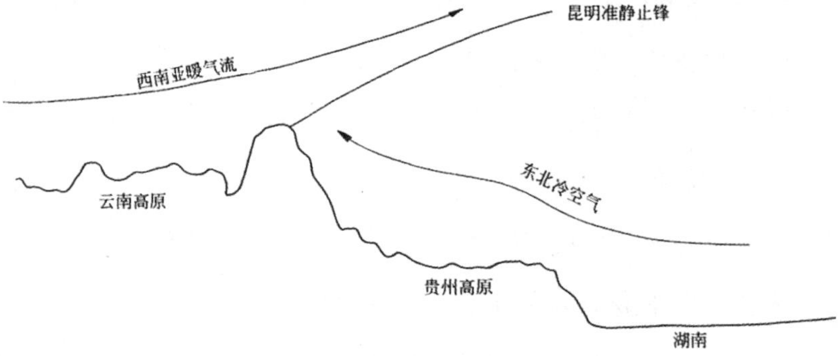

■ 图 19　冬季中云南大温室成因示意图

伯利亚南下的冷空气，越过长江后转向西南，爬上千余米的贵州高原后已经成了强弩之末。加上这里高空有从西南亚来的西风，越高西风越强劲，因此东北冷空气便被阻在大约东经 104°线附近，形成气象学上十分著名的昆明准静止锋（因从大范围而言，此锋靠近昆明，故得此名）。锋西的云南地区，冬季晴空丽日，经常沐浴在西南亚来的温暖气流之中，而锋东的贵州及以东地区，由于长期“浸泡”在寒潮冷空气之中，自然就难免寒冷霜雪之苦了。

所以，在云南高原中南部 1000 米～ 1500 米高度带内，冬季因东部山脉阻挡冷空气使其平均气温维持在 10℃以上，夏季又因海拔较高使得平均气温保持在 22℃以下，从而成为我国唯一的（因地形原因形成的）四季如春气候，昆明还有“春城”之誉。在四季如春区北侧，主要因海拔升高而出现前述地形性长冬无夏类型。而四季如春区以南，主要由于海拔降低出现夏热，因而便是长夏无冬的四季类型了。

九、雨量、雨日、雨时和暴雨——降水和雨季（一）

我国四川雅安（古称雅州）雨水很多，下起来常没完没了，因此古有“雅州天漏”之称。其实，现今雅安年雨量只有1774毫米，在全国来说远不是最多的，它的近邻峨眉山年雨量就有1923毫米。

400毫米年雨量线从东北大兴安岭，经河套、青海南部，向西南到达拉萨附近，把我国分为东南和西北两半。线东南的地区，年雨量都在400毫米以上，淮河、汉水以南年雨量还普遍超过1000毫米，东南沿海更在2000毫米以上。我国大陆年雨量最多的地方是西藏东南部雅鲁藏布江下游河谷中的巴昔卡，30年平均年雨量高达4495毫米。但我国全国年雨量最多的地方还是在台湾省的北端、基隆南侧的火烧寮，这里1906年—1944年间的平均年雨量达到了6558毫米，其中1912年还达到了8409毫米。

400毫米年雨量线以西，年雨量迅速减少。东经105°以西地区年雨量大体小于100毫米，其中吐鲁番、塔里木和柴达木盆地更少到25毫米。吐鲁番盆地西缘的托克逊年雨量只有6.9毫米，也是亚洲年雨量最少的地方。在这种干旱地区里，农业主要依靠灌溉，天上有没有降雨关系反而不大。但有趣的是，这里还反而怕雨。主要是因为春季播种以后出苗以前，下雨会使碱性土壤板结，轻则出苗延迟，重则伤苗甚至苗拱不出土。因此一旦下雨，还要组织人力紧急耕松土。这些干旱地区里还有一些趣事，例如，有时天上明明乌云密布，下着雨，但地面上却不见雨滴。原来雨滴在极端干旱的大气中，中途便被蒸发光了，这被人称为“魔鬼雨”。但偶尔有的雨滴实在太大了（因为这里夏季热对流可以很强），还是能掉到地上，不过密度就很小。因此有人趣称，在吐鲁番，如果你在雨滴之间行走，可以不湿衣。由此亦可见雨滴之稀、雨滴间距之大了。

西北地区雨量稀少的原因，主要是因为它深居内陆。东从太平洋上来的水汽鞭长莫及；南从印度洋上来的水汽又受高大的青藏高原阻挡；西从大西洋、北冰洋来的水汽，经过万里跋涉，已所余无几。吐鲁番盆地的雨量极少，还因它是个很深的盆地地形，降雨天气系统过此，因为气流下沉，雨量更趋减少。

在我国，只要日雨量大于（或等于）0.1毫米，便记为一个雨日（世界上也有大于（或等于）1毫米才记雨日的国家）。我国雨日的分布也是东南多西北少，秦岭—淮河以北地区，除了东北大、小兴安岭、长白山区和西北的高山区以外，年雨日一般都少于100天。西北地区还少于60天，其中塔里木、柴达木和吐鲁番盆地也是我国雨日偏少的地方，一般都不到20天。吐鲁番盆地西缘托克逊最少，只有8.3天。秦岭—淮河以南，年雨日都在100天以上。不过我国年雨日超过200天的地方不多，例如，雅安年雨日平均219.4天，已不算少了。全国年雨日最多的是在高高的峨眉山上，年平均有264天。

作者还统计过降雨时数，即实际下雨的时间。虽然只用了20

世纪50年代的资料，但也能大体反映全国雨时的分布形势。和年雨量、年雨日一样，年降雨时数也是西北少东南多。我国西北干旱地区年降雨时数都在250小时以下，塔里木、柴达木盆地还在100小时以下。柴达木盆地中的冷湖年雨时87小时，是所统计的352个台站中最少的。东北大、小兴安岭和长白山区以及北纬35°以南地区，年雨时增加到750小时以上，秦岭—淮河以南以及北方山区高处还可超过1000小时。青藏高原以东20°～30° N之间的长江流域是我国雨时最多的地区，平均每年为1500小时～2000小时。例如雅安2379小时，“天漏”名不虚传。我国雨时最多的地方也在峨眉山上，年平均4144小时，即每天平均11小时20分钟，每个雨日平均下雨15小时35分钟之多，但多数是毛毛细雨。

在一定时间内，降雨量愈多，雨强就愈大。雨强越大，造成洪涝灾害的危险也愈大。新中国成立后我国较大两场暴雨洪涝是1963年8月（638）和1975年8月（758）暴雨。“758”暴雨发生在1975年8月5日～7日，河南省中部漯河、驻马店、南阳和平顶山之间的淮河上游地区普降暴雨。暴雨中心沁阳县林庄5日～7日三天总雨量1605毫米，过程总雨量超过1000毫米的面积达到1460平方千米。一些大中水库几乎同时垮坝，是我国人民生命财产损失最大的一次暴雨洪灾。1963年8月上旬河北省大部地区连续7天暴雨，内丘县獐狉过程总雨量2050毫米，其中最大三天的总雨量虽只有1560毫米，但过程总雨量超过1000毫米的暴雨面积却达到了5560平方千米，作物受涝的总面积比“758”暴雨要大得多。

这里我们还应该讲到1954年和1991年的江淮大水，因为这两次大水造成的洪涝面积比“638”和“758”暴雨要大得多。不过这两次江淮大水主要是在大面积地区上较长时期（即梅雨期，长达1个～2个月）内连降较大雨量所造成的，其暴雨强度是不大的，两次江淮大水梅雨期的总雨量甚至比只有几天的“758”和“638”暴雨都小得多。例如，1991年江淮大水，从5月19日到7月13日的总雨量，最大值发生在江苏兴化，但也只有1294毫米。因此，从洪涝成因上说，两次江淮大水属大面积久雨型洪涝灾害，与“758”和“638”面积较小的暴雨型洪涝灾害在类型上是不同的。

著名的1998年的长江流域大水，和1954年、1991年一样，也是大面积久雨型涝灾。让我们根据全流域863个气象台（站）记录的平均值统计把这三次新中国成立后最大的久雨型洪涝灾害比较一下。从暴雨面积看，1998年次于1954年而大于1991年。从6月至8月总雨量看，1998年也是仅次于1954年的多雨年（1991年暴雨主要集中在江淮和太湖流域，所以，全流域6月至8月平均雨量只列新中国成立后第7位）。从长江流量看，1998年也仅次于1954年。之所以1998年湖北沙市以下河段（汉口除外）纷纷出现超过1954年（或有记录以来）的最高水位，这主要是因为人类活动。例如，上游大量砍伐森林，既减少了雨水的地表蓄积量，又增加了洪峰流量和泥沙冲刷量，使下游河床不断垫高。此外，围垦河湖使它们调蓄长江洪水的能力大大降低，等等。所以，国务院已在 1998 年 8 月 5 日发出通知，要求立即停止砍伐森林。作者又从报上欣闻湖南省政府已决定，把已经围剩约 1/3 的洞庭湖还田归湖，恢复昔日“八百里洞庭”的壮观风貌。

我国一天中的最大降水量，在沿海地区和东南部普遍都可以达到 200 毫米以上，华南沿海还可达到 600 毫米以上。例如，1967 年 7 月 31 日在西沙下了 612 毫米的暴雨。但是我国大陆上日雨量最大的暴雨还是上述“758”和“638”暴雨。“638”暴雨中河北獐犸 8 月 4 日的日雨量为 950 毫米，“758”暴雨中河南方城县郭林 8 月 7 日的日雨量高达 1055 毫米。不过，我国的最大日雨量还是发生在台湾。1967 年 10 月 17 日台风过境时新寮暴雨 1672 毫米，已经逼近南印度洋留尼汪岛 1870 毫米的世界纪录了。

我国西北地区和海拔 4000 米以上的青藏高原上一般是没有暴雨的。因为西北内陆气候过于干燥，青藏高原上则气温过低，它们都使得大气中水汽含量过少，因而大大降低了雨强。

十、主宰我国雨旱季节的夏季风——降水和雨季（二）

一年之中，气温有春夏秋冬的变化，降水也有雨季和旱季的更替。这里先介绍我国春夏秋冬季节中雨旱分布形势，然后归纳出我国的雨旱季节类型，最后讲讲它们的成因。

春季中，长江中下游地区是全国最多雨的地方。以江西景德镇为例，3 月至 5 月总雨量 806 毫米，总雨日 54 天，分别占年雨量和年雨日的 41% 和 36%。“清明时节雨纷纷”形象地说明了江南春季气候的主要特点。秦岭—淮河以北的我国北方地区，春季却是少雨干旱季节。以北京为例，3 月至 5 月总雨量只有 68 毫米，只占年雨量的 10%，且因春季气温急升，水分蒸发量大，气候十分干燥，故华北素有“十年九春旱”“春雨贵如油”之说。

初夏季节（6 月中旬到 7 月上旬），长江中下游地区正是梅子黄熟之时，当地天气常阴沉多雨，有时还下暴雨。这种季节南方人称为“黄梅天”，气象学上称为梅雨季节。“黄梅时节家家雨，青草池塘处处蛙”生动地描绘了梅雨季节的自然景象。梅雨季节还因为气温高，湿度大，衣物易于发霉，因而也有人把梅雨称作“霉雨”。

一般在7月上旬末，江淮地区梅雨结束，雨区北移。我国秦岭—淮河以北的广大北方地区进入了一年一度的雨季。而长江中下游地区和四川盆地东部，此时却因为在北上的副热带高气压控制之下，气流下沉，天气晴热，成了一个高温大“火炉”。此时华南已位于副热带高压之南，进入了台风雨季。我国东部地区的旱涝分布形势，也就从春末初夏的北旱南涝，变成了盛夏季节南北涝中间旱的新格局。

秋季中我国大部分地区云雨较少，“月到中秋分外明”和南方的“十月小阳春”就是对这种秋高气爽天气的写照。特别是华北的秋天，雨季刚过，地面尘土不扬，风和日丽，冷热适中，有春天的温暖，无春季的风沙，所以北京人是最爱他们的秋天的。可是此时我国西南地区却正下着绵绵秋雨。北起陕南、关中，南至贵州、云南，东起鄂西、湘西，西至青藏高原东南部，9 月至 10 月总雨日都有 20 天～ 30 天，雨时 100 小时～ 200 小时。四川盆地西部总雨日甚至可达 35 天～ 40 天，雨时 250 小时以上。峨眉山 9 月至 10 月总雨日 50.5 天，总雨时 772 小时，是全国秋雨最多的地方。绵绵秋雨对当地棉花后期生长和秋收秋种都是不利的，但是在当地有些靠冬水田蓄水（来年春灌）的地区里，却还是一种水资源呢。

冬季中我国晴雨分布大体和春季相似。全国大部分地区少雨多晴，只有青藏高原以东，秦岭—淮河以南，南岭以北的长江流域地区，是我国的阴沉细雨地区。

所以，如果把以上我国各季中的雨旱分布情况归纳起来，我国的雨旱季节类型也就出来了。让我们先从华北说起。

华北纬度较高，夏季风雨季开始迟结束早，夏雨季短促，全

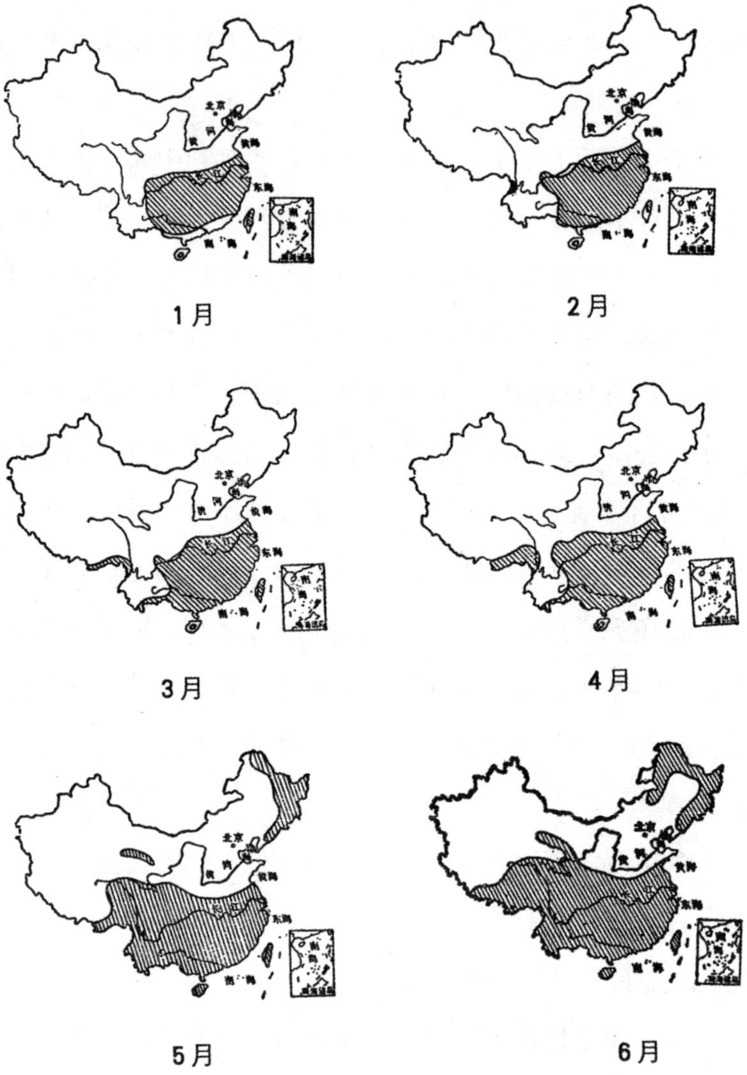

图20（1） 我国各月主要阴雨区

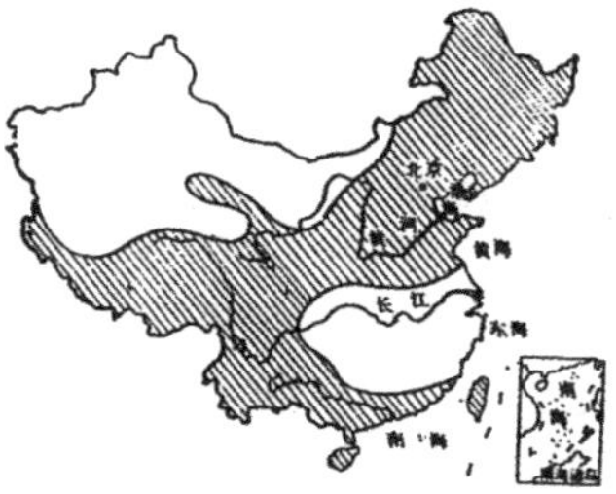

7月

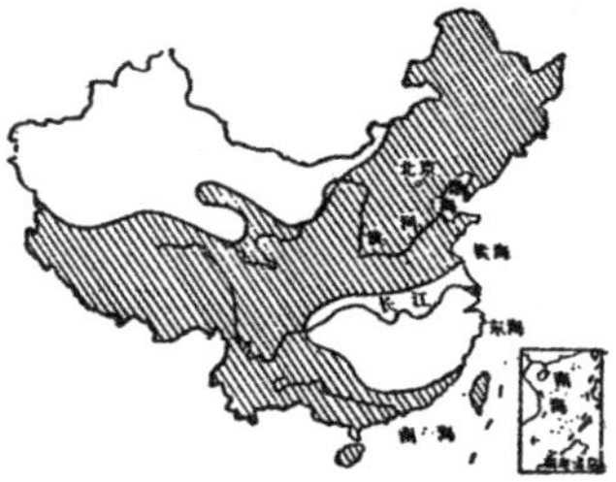

8月

9月

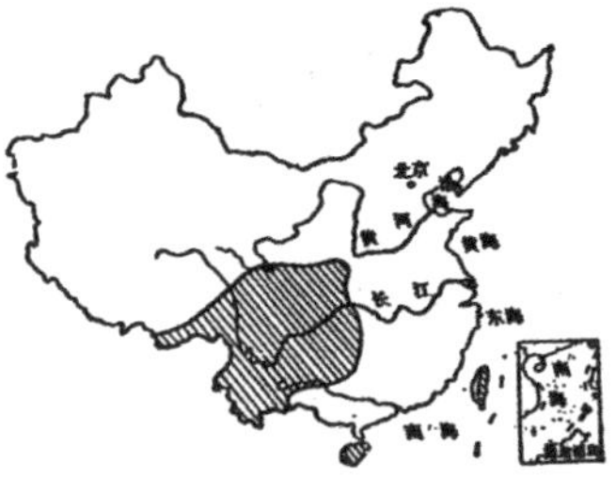

10月

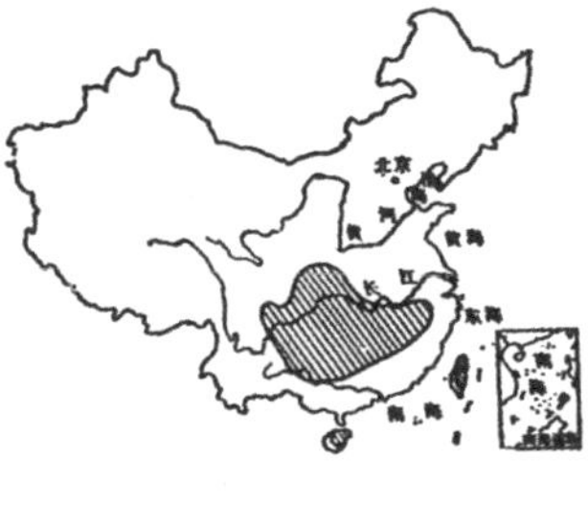

11月

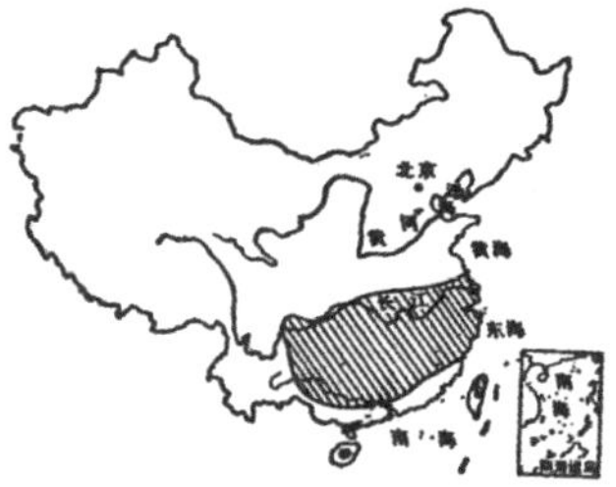

12月

图 20（2） 我国各月主要阴雨区

年雨量集中在7月、8月两个月里。以北京为例，7月、8月两个月总雨量约占全年雨量的2/3。就是7月下旬和8月上旬两个旬的雨量也占年雨量的1/3。前述 “638”暴雨和“758”暴雨便都是发生在8月上旬。所以华北的雨旱类型可称为春旱夏雨型。因为春旱和夏雨都是华北地区最主要的降水气候特点。

从华北南下，过淮河，就进入了长江中下游的“春雨梅雨伏旱型”。这里雨旱季节和华北正好相反。冬春季节中华北天气晴好，这里却阴雨连绵。特别是从二三月份开始，江南雨量迅速增加。春汛期（桃花水）后接着又进入梅雨期，一直要到梅雨停止，雨季才告结束。从7月中旬开始，北方进入雨季之时，长江中下游却开始了副热带高压控制下的高温伏旱时期。

包括青海南部，西藏大部，四川盆地西部和云南全部的我国西南地区，雨旱季节和南亚相似，属于“冬春旱夏秋雨型”。这里受印度洋夏季风的影响，从6月到9月是雨季（滇西南雨季可长达5个～6个月之久）。滇西南7月到8月份雨日之多，堪称全国第一，每月有雨24天～28天。不过主要是热带式的午后降雨，雨时不长。其中青藏高原西部夏季风雨季开始迟而结束早，例如，拉萨也和北京一样，全雨量2/3集中在7月、8月两个月里。

在西南地区东部，四川和贵州及其附近地区，由于冬春季位于长江中下游的冬春雨区里，夏秋季位于西南地区的夏秋雨区里，所以几乎全年都相对多雨，没有十分明显的干季。

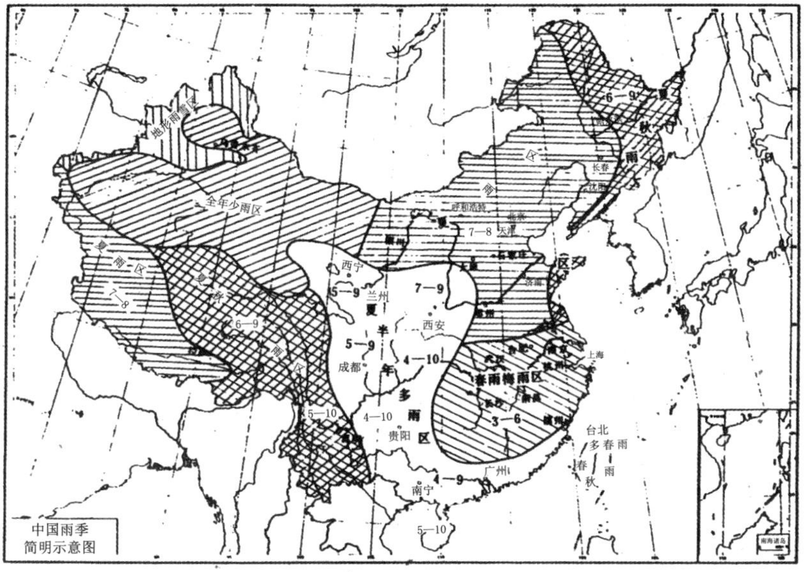

■ 图 21　我国雨旱季节类型分布示意图

东北大、小兴安岭和长白山区，由于地形有利，加之位置近海，6 月和 9 月雨量也较多，因而也可划为夏秋雨区，不过雨量、雨日都要比西南地区少得多。成因上两者也是不一样的。

从华北春旱夏雨区向西，我国的西北干旱地区，年雨量大都不足 100 毫米，全年没有较为明显的雨季，因此可称为全年干旱型。（图 21）

现在我们可以来解释我国各地雨旱季节类型的成因了。

原来，主宰我国雨旱季节分布的，主要是夏季风雨带及其规律性的季节移动。形成我国东部夏季风雨带的两支大范围气流，是源于南方海洋上副热带高压带北部发出的偏南气流和北方南下的冷空气。两支气流“大军”的相遇，形成了范围广阔的锋面雨带。夏季风及其前沿的锋面雨带在春夏季节中节节北上，我国的夏季风雨季便由南向北规律性地开始。

每年四五月间，位于我国东南方海洋上的副热带高压西伸北上，所发出的偏南气流逐渐影响华南沿海。大约5月中旬，夏季风大雨带在华南出现，形成华南的前汛期雨季。6月中旬，这条大雨带突然往北跳到长江中下游地区，开始了这里的梅雨季节。7月上旬末，江淮梅雨结束，季风雨带随副热带高压第二次向北跃进，开始华北和东北一年一度的雨季。此时长江中下游则在北上的副热带高压本体（西段）控制之下而出现伏旱季节。而华南因位于副热带高压之南，台风和东风波等其他热带系统沿副热带高压南缘的东风气流源源西来，又进入了台风雨季。一直到9月（大陆）或10月（海南岛），华南雨季才随台风雨季的结束而结束。

8月下旬开始，北方迅速转凉，夏季风雨带从北向南迅速回撤。大约一个月，夏季风就完全退出了我国东部大陆，但并不形成明显的雨带和雨季。

说到这里，读者可能会问，长江中下游地区梅雨之前的春雨季（春汛），怎么没见提到呢？原来，这是由北方南下的新鲜冷空气和已经变性增暖的先锋冷空气之间锋面上的降雨。因为此时北方尚寒，冷空气频频南下，而南方较为温暖，水汽尚丰，因而形成的雨量亦较可观。

我国西南地区，夏季风雨季的情况和东部完全不同。因为印度洋夏季风亦十分强大，而青藏高原上届时又没有像东部地区那样强大的大范围冷空气南下，而是一小股一小股南下冷空气与北上的南亚夏季风之间发生一片一片的区域性降雨，因此夏季风雨季从南到北，大约一个月时间就达到了它的最北位置。这就是过去称为“西南季风爆发”的原因。

十一、地形制造的森林、荒漠和夜雨——降水和雨季（三）

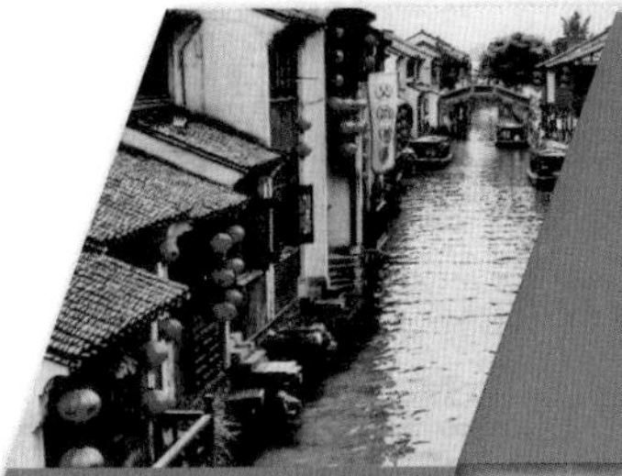

我们已经知道，当气流在山坡上被迫抬升时，首先在气流中出现云，接着发生降雨，而且雨强越来越大。因此，随着高度的增加，降雨量是一直增加的。这是地形影响降水的一条普遍规律。不过，雨量向上增加也有一个极限。在这个极限（高度）以上，由于一路上降雨消耗了大量水汽，因此再往上去，雨量又趋减少。这个高度就叫最大降水（量）高度。最大降水高度的高低，决定于当地气候条件。爬山气流越潮湿，最大降水高度就越低。干旱沙漠地区中，较低的山脉甚至不出现最大降水高度。

雨量随海拔高度的上升而增加，这个规律可以使干旱地区出现奇迹。山麓明明还是荒漠，山上竟会有成带森林。例如，天山北坡山麓通古特荒漠，年雨量大约 150 毫米。海拔 918 米的乌鲁木齐，年雨量增加到 278 毫米，加上气温降低蒸发量减少，地表已能生长稀疏草类，不过远看仍是黄色的，过去市内行道树木一般需灌水才能成活。再向上去，沟内开始有灌木，然后是乔木。一直到海拔 1800 米高度，终于出现成片森林。我国著名天山天池风景区，正位于森林带内，天山塔松十分美观。森林带一直到 2200 米的高度，才因为夏季过凉而重让位给灌木和草类。这种山腰林带，整个天山北坡都有，自西向东绵延 1200 多千米。在贺兰山东坡和西坡，祁连山北坡和阿尔泰山南坡等，也都有这种荒漠森林带。作者曾在宁夏贺兰山西坡海拔 2600 米森林带下界处，观看到约 20 千米外远处黄色的腾格里沙漠。

我们现在接着再来讲爬山气流的故事。这一次是气流已经爬过了山顶，开始下坡了。越过山顶的气流中的水汽损耗已经很大，且越下坡气温越高，因此雨量越少。降雨停止的高度也比迎风坡上降雨开始的高度要高得多。因此，在相同高度上，背风坡年雨量要比迎风坡上少得多，这是地形影响降水的又一条重要的普遍规律。

如果山脉高到 4000 米左右，那么，不管迎风坡雨量有多大，森林有多密，它的背风坡麓年雨量一般都会少到 250 毫米以下而

图 22　新疆天山上部森林

出现半荒漠甚至荒漠景观。南美西海岸科迪勒拉山系和北美美国西海岸山脉背风东坡麓都是这样的情况。这是地形（坡向）通过影响降水量而影响植被景观的另一重大规律。只不过这是湿润地区高大山脉在水平方向上背风坡制造的荒漠，而前面讲的则是干旱和半干旱地区中高大山脉在垂直方向制造的森林。

迎风坡增加雨量的规律，常使得世界各大洲甚至各国的最大年雨量都发生在迎风地形位置上。例如，我国大陆上最多雨的巴昔卡就位于青藏高原南坡上，夏季面迎从印度洋孟加拉湾来的潮湿气流。我国年雨量冠军火烧寮，则是位于台湾中央山脉的北坡，冬季半年中北方南下的东北季风在此旅海登陆被迫抬升。世界年雨量冠军是美国夏威夷州考爱岛的东北坡，这里全年盛行东北信风，有利的迎风地形使得它在副热带高气压控制下的大面积少雨区（附近海区年雨量一般仅为500毫米左右）中，诞生了世界最多年雨量11458毫米的纪录！由此可见地形对降水量影响之巨大。

地形对降水还有一个令人惊异的重要影响，就是它能影响甚至决定当地的雨量日变化。例如，在山顶、山脊和山坡上部，凡是凸出的地形，一般来说，一天之中最多雨的时间是在白天午后。这和平原地区是一样的，因为白天热对流强，对流造成的降水以午后最为强盛。可是在低洼的山谷、盆地地形里，只要山谷规模较大，地形完整，水汽条件充足，降雨就多数发生在夜里。例如，拉萨河谷中的地区，雨季中就有著名的夜雨。拉萨白天一般阳光

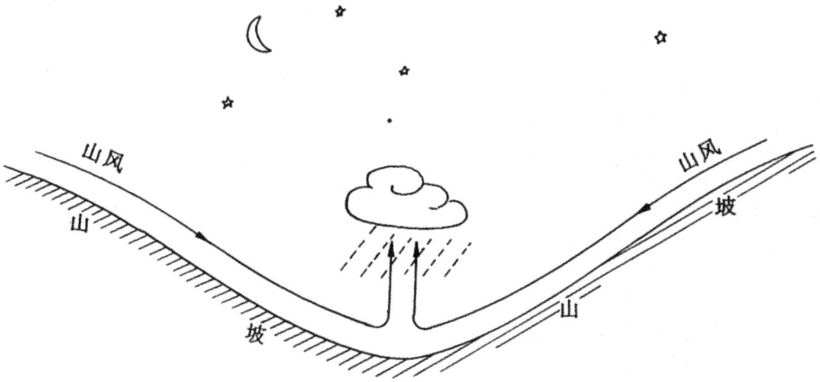

图 23 拉萨地形性夜雨形成示意图

灿烂（所以拉萨同时有“日光城”之称），但太阳下山前后，天上的云便开始多起来，有时很快乌云密布，继而电闪雷鸣，雨声簌簌。夜雨偶尔也会整夜不停。但日出以后，很快就雨止云消，又是晴空万里。这种典型的地形性夜雨，在西昌盆地中的西昌地区，元江河谷中的河口，年楚河谷中的日喀则等地，也都是很显著的。如果以晚 8 点到早 8 点为一夜，那么平均来说，这些地区夜雨量要占总日雨量的 80% 以上。

这种地形夜雨的形成，主要是在夜间河谷两侧坡上冷却后的冷空气，因密度较大沿坡下沉，到谷底汇合以后，因为入地无门，只有互相挤着上升的缘故。于是云雨便在这上升气流中发生。因此，如果我们在河谷底部乘飞机直升蓝天，便可发现云上正皓月当空，云雨只是盆地谷底上空的事。

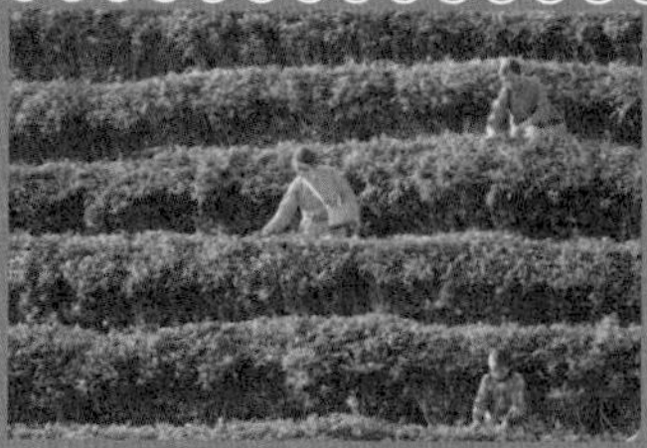

十二、地球大气如何运动——大气环流和风（一）

空气的水平流动就是风。虽然它看不见摸不着，但是却能被感觉到。它发狂时拔树倒屋，更让我们心惊胆战。风向是指气流吹来的方向，例如，从东北方吹来的风就叫东北风。风速是气流运行的速度，用米／秒表示。不过，在日常生活中以及天气预报里，我们一般不用米／秒，只用比较粗略的风级，这就足够了。有一个歌谣把常见的十二级风的地面状态表述得简要而十分形象。

零级无风炊烟上（相应风速 0 ～ 0.2 米／秒）

一级软风烟稍斜（相应风速 0.3 米／秒～ 1.5 米／秒）

二级轻风树叶响（相应风速 1.6 米／秒～ 3.3 米／秒）

三级微风树枝晃（相应风速 3.4 米／秒～ 5.4 米／秒）

四级和风灰尘起（相应风速 5.5 米／秒～ 7.9 米／秒）

五级清风水起波（相应风速 8.0 米／秒～ 10.7 米／秒）

六级强风大树摇（相应风速 10.8 米／秒～ 13.8 米／秒）

七级疾风步难行（相应风速 13.9 米／秒～ 17.1 米／秒）

八级大风树枝折（相应风速 17.2 米／秒～ 20.7 米／秒）

九级烈风烟囱毁（相应风速 20.8 米／秒～ 24.4 米／秒）

十级狂风树根拔（相应风速 24.5 米／秒～ 28.4 米／秒）

十一级暴风陆罕见（相应风速 28.5 米／秒～ 32.6 米／秒）

十二级飓风浪滔天（相应风速 32.7 米／秒～ 36.9 米／秒）

十三级以上的风也都称为飓风：

十三级飓风（相应风速 37.0 米 / 秒～ 41.4 米 / 秒）

十四级飓风（相应风速 41.5 米 / 秒～ 46.1 米 / 秒）

十五级飓风（相应风速 46.2 米 / 秒～ 50.9 米 / 秒）

十六级飓风（相应风速 51.0 米 / 秒～ 56.0 米 / 秒）

十七级飓风（相应风速 56.1 米 / 秒～ 61.2 米 / 秒）

风的产生，是因为水平方向上空气压力分布不均匀，这好比水会自动地从高处流向低处一样，因此，气流也会自动从高气压流向低气压。不过，由于地球自转的影响，会产生一个偏向力，从而使风沿着等压线的方向吹，在北半球，高气压在风向的右侧，低气压则在左侧。气压差越大，风速也越大。气压的单位叫百帕。一个标准大气压力是 1013.25 百帕，相当于 760 毫米高的水银柱所产生的压强。可见我们每人身上时时刻刻都压着千斤重担，只不过因为各个方向都有大气压力，因而达到了平衡罢了。

我们地球上存在着 7 条环绕全球、相间排列的高压带和低压带。这就决定了地球上空气大规模流动（大气环流）的形势。这 7 条高低气压带是：赤道低气压带、副热带高气压带、副极地低气压带和极地高气压带，其中除赤道低气压带外，其余气压带都是南北半球各一条。

那么，又是谁来形成和维持这 7 条气压带的呢？是太阳。太阳的热量是地球上一切风产生的总根源、总动力。没有太阳，地球上就不会有任何的“风吹草动”。

因为地轴大体垂直于地球公转轨道平面（66.5°夹角），所以阳光全年总是接近垂直地照射在赤道地区，该地区所得的太阳热量最多，而阳光斜射的两极获得热量最少。这种热力分布不均的现象正是地球大气环流的源动力。赤道地区阳光垂直于地面，受热较多，地面温度高。空气受热后向上升起，并在高空不断堆积，气压升高，因而源源不断地向气压相对较低的两极流去。两极地区因为阳光最斜，热量最少，地面冷却形成地面高气压。气流沿地表流向气压相对较低的赤道。两极地面流失的空气由从高空远道来的赤道气流下沉补充。这样便形成半球性的大环流圈。这种大气环流叫单圈环流，南北半球各形成一个。但由于地球在不停地自转，这种单圈环流实际上是不存在的。因为地球自转造成的地转偏向力随时随地作用于运动着的大气，所以，地球上实际形成的是复杂的三圈环流。以下是它们形成的过程。

当赤道地区空气受热上升到高空，分向两极流动时，由于受到地转偏向力作用，在北半球不断向右偏（以下均以北半球为例），因此到达北纬30°附近时，南风几乎变成了西风。这样就阻碍了从赤道来的气流继续北上。空气在这里不断堆积下沉，使地面气压升高，形成副热带高气压带。副热带高气压的地面气流分为两支，南支返回赤道，北支流向极地。南支气流在南下途中由于受地转偏向力作用而向右偏转成了东北风，与从南半球副热带高压北上的东南风汇合于赤道，因此赤道低压带又有赤道辐合带之称。这就是地球大气三圈环流中最靠近赤道的一个圈，称作热带环流圈。热带东风带的风向在地球各行星风带中是最为稳定的，因而有“信风”（北半球为东北信风，南半球为东南信风）之誉。古代从欧洲到北美洲的船队主要就是靠大西洋上的东北信风送过去的。

在极地形成的是极地环流圈。如上所述，极地太阳热量最少，气候寒冷，上述南方来的高空气流在此汇合下沉，地面形成高气压，高气压发出的气流流向低纬度。在流动过程中受地转偏向力影响成为东北风。它与前面讲到的副热带高压的地面北支气流（因地转偏向力作用变成西南风）在副极地低压带相辐合。西南气流较暖，在东北气流背上被迫抬升，升到高空后又分为两支：北支流向极地，然后下沉补充地面向南流失的极地空气，因而构成极地环流圈；南支在高空流返低纬度，在副热带高压带与赤道北上的气流辐合下沉，下沉到地面后又以副热带高压带北支的身份北上，从而构成了中纬度环流圈。

在副热带高压带中，由于气流下沉，地面无风，因而有副热带高压带无风带之称。在北半球，它位于东北信风带的北侧。古代从欧洲驶向北美的帆船队一旦进入这个无风带，往往几天、十几天甚至几十天原地不动，船上所载马匹没有食料（北美洲刚发现时没有马），都饿死了。于是这一带海面上不时可以看到被抛弃的马的尸体。这个纬度带（大约 30° ～ 35°）因此获得了一个奇怪的名字——马纬度。

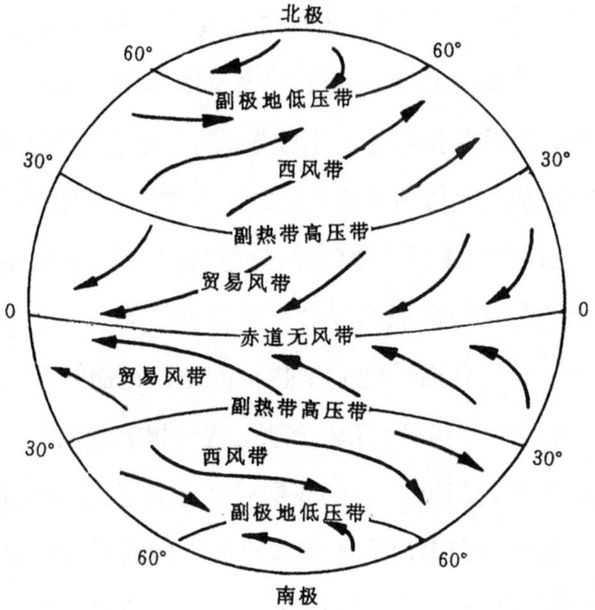

■ 图 24　地球三圈环流情况下的地面大气环流概况

在赤道辐合带中，由于两半球密度几乎相同的暖气流迎面相遇而后上升，因此赤道附近风速极小，有赤道无风带之称。由于带中空气质量不断从高空流失（流向两极），因而气柱质量减少，这就是赤道低压带形成的原因。

以上这几条全球性风带，一般也称为行星风带（地球就是一个行星）。但实际上这种行星风带常常并不环绕全球。大范围海陆之间产生的季风，就会破坏纬向的行星风带，使之发生大范围的中断。

全世界最典型和最强大的季风，发生在东亚和北非地区，下面我们以东亚季风为例，介绍它的成因和情况。

在相同的纬度上，海洋上和陆地上得到的太阳热量虽然基本是一样的，但是由于海水和陆地土壤的比热不同，因此，即使同纬度上的海陆，也常不是同一个温度。夏季中，陆地因比热小而温度升得比海洋高。冬天里，海陆即使向太空辐射散失相同的热量，陆地温度也会比海洋降得更低。温度越低，空气密度越大，气压就越高，因此，在冬季中陆地气压高于海洋，而夏季则相反。于是，冬季中在亚洲的高纬度内陆形成强大的西伯利亚高气压，而海洋上则形成暖低压。气流从高纬内陆流向低纬海洋，经我国向南，直接流入赤道辐合带（部分气流向东奔向同纬度海洋上温暖的阿留申低压），这就是冬季风。相反，夏季中内陆形成热低压，在凉爽的海洋上形成高气压，气流从东方太平洋及南方印度洋上的海洋高气压源源而来，这就是夏季风。前面讲到的主宰我国东部地区雨季的大规模夏季风雨带，正是北半球太平洋上副热带高压发出的夏季风气流和北方南下冷空气之间的锋面雨带。

类似于季风成因的还有海陆风，只不过季风是一年一个周期，海陆风是一天一个周期，即白天海风（海上凉，气压高）从海上吹向陆地（温度高，气压低），夜间陆风从陆地吹向海洋罢了。白天从海上登陆的海风，大大降低了陆地的高温，这就是我国北方沿海（如大连、秦皇岛、青岛等）成为避暑胜地的原因。热带地区强劲的海风，甚至可以使当地全天中最高气温不出现在午后2时左右，而发生在海风登陆以前的上午！

季风和海陆风之间的另一重大差异，就是在规模和强度上季风都要比海陆风大得多，这是因为冬夏海陆间的温差要比昼夜海陆间的温差大得多。季风垂直厚度可达几千米，深入内陆1000千米～2000千米，而海陆风厚度一般只有几百米，进入内陆几十千米。季风的风速，特别是冬季风，常可达到大风（17.2米/秒）以上的强度，而海陆风一般只有几米/秒，多称海陆轻风。

十三、能自由移动的天气系统——大气环流和风（二）

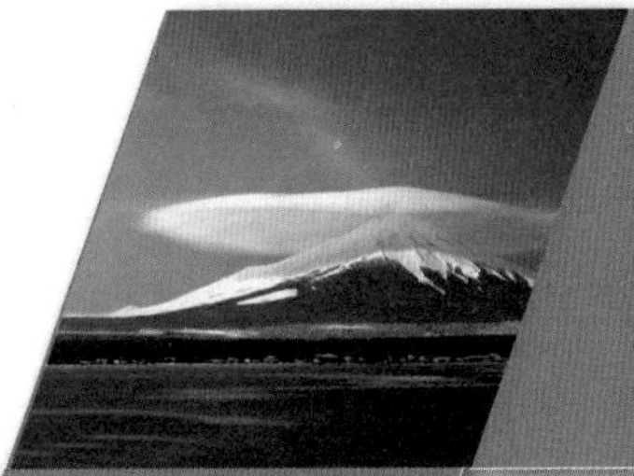

前面讲到的行星风系和季风、海陆风，其风系的范围都是固定的，最多只有季节之间或逐日之间的不大变化。这是因为形成它们的冷热源基本都是固定的。但世界上还有许多能自由移动的天气系统（风系），在它们的活动范围（气候带）内，没有固定的生成和消亡地点，条件有利时就生成，条件不利或发展到一定阶段就消亡。它们离开生成地点可以远到几百上千千米，因此常可能给人类带来重大灾害。在这些移动性天气系统中，范围最大而风力又较强的，要算是热带台风和温带气旋了。

台风生成在热带洋面上。它是一个风速极大的大风旋涡，直径近百万米，中心风速常在十二级以上，因此破坏力极强。据统计，历史上死难 5000 人以上的台风至少有 20 次，其中死亡 10 万人以上的有 7 次，30 万人以上的还有 2 次。例如，1970 年 11 月 2 日孟加拉湾大台风使孟加拉国死亡 20 万人，死于灾后瘟疫的又有 10 万人。

台风的形成需要许多条件。它的源地海水温度要求不低于 26℃，因为台风是靠其内部上升气流所携带的水汽，在上升过程中不断凝结释放巨量潜热而发展壮大的。台风生成还要有一个启动机制，即热带海洋上的原始旋涡的存在，以保证有起始的上升气流。此外还要有地转偏向力的帮助，否则起始的低压旋涡会很快被四周直接流向中心的气流所填塞，不可能再有进一步的发展。这就是

■ 图 25　（上）孟加拉湾台风
（下）1990 年登陆我国的第 15 号台风

为什么赤道上（地转偏向力为零）没有台风，台风都生成在5°以上纬度热带洋面上的原因所在。我国南海最南部的曾母暗沙附近，纬度在4°附近，因此便被称为没有台风的“太平海”。

台风的发展可分为三个阶段。第一阶段是生成阶段，大多数热带气旋都消失在第一阶段，只有能生存4天以上才有可能发展成为台风。当台风发展到第二阶段即成熟阶段时，往往会有一个完整而清晰的眼区——台风眼。此时台风中心的气压也往往达到最低，云雨和大风的范围也达到最广。接着台风便进入第三阶段，即消亡阶段。台风一般或因登陆后切断了水汽来源，加上地面摩擦大量消耗动能而消亡，或因转向到中纬度海洋上，海水温度低于26℃，以及台风中进入北方冷空气变为温带气旋而消亡。

登陆我国的台风，大多发生在西北太平洋菲律宾以东洋面上。据统计，每年在这里生成的台风（中心风力十二级以上）和强热带风暴（中心风力十级至十一级）共28.2个，其中在我国登陆的有7.9个。全年中，在我国登陆的台风以7月、8月、9月三个月最多，每月平均都有2个左右。这些台风大都是沿副热带高压南缘西进，或继续沿副热带高压西缘北上而在我国登陆的。前者路径基本呈直线，登陆并影响我国华南沿海地区；后者则呈抛物线路径，大多在福建及其附近沿海登陆，然后北上影响我国东部沿海地区。登陆台风多数消失在我国大陆上，抛物线型台风可以复入东海或黄海海面后再消亡。

虽然台风威力极大，但目前已有气象卫星和陆基雷达警戒网等手段有效监测，一般都能比较准确预报，使灾害降低到最低限度。实际上，台风虽然在海上和沿海地区造成大风灾害，但是当它进入内陆 50 千米时，其最大风速就降低了一半左右，而它所携带的大量雨水，却常常可以缓解甚至解除我国南方大面积的伏旱（水利资源）。此外，在台风来到之前，可以通过大量放水使水库电站多发电，增加经济效益，因为台风带来的雨水可以重新灌满水库。据《中国气象报》报道，广东省电力局利用 1995 年第 5 号台风，使得其下属几个大水库多发电 800 万度（水电资源）。再有就是，台风登陆可以暂时结束南方高温伏旱天气（凉爽资源）。

温带气旋的范围可以比台风更大，直径两三千千米的都有。温带气旋和台风（热带气旋）的共同点就在于它们都是空气大旋涡，气流都围绕中心做反时针方向旋转，边旋转边移动前进。温带气旋和台风最大的不同是：台风中都是清一色热带空气，内部温差很小；而温带气旋是由来自热带的暖空气和来自极地的冷空气组成的空气旋涡，且冷暖空气间温差越大，温带气旋的能量和风速也越大。所以，当温带气旋经过时，一般依次出现从东南、南和西南方向来的暖气流，然后出现从北方南下的西北风冷空气。在西南暖气流和西北冷气流之间温度梯度很大，形成锋区。锋区过境后，冬季中常可降温十几摄氏度甚至二十摄氏度。这就是天气预报中的寒潮降温天气。锋区两侧巨大的温差有利于造成巨大的气压差，因此，寒潮降温时常同时出现寒潮大风天气。

在西北干旱地区中，冷空气大风还常刮起地面沙尘，有时形成几百米高的沙尘墙向前推进，这就是气象学上的强沙尘暴，老百姓称“黑风”。其实，沙尘墙本身仍是土黄色的，只是进入沙尘墙中后眼前就会变黑，才常出现“白天变为黑夜”。1993 年 5 月 4 日夜至 6 日晨，从新疆经甘肃、内蒙古西部到宁夏的“黑风”，曾造成 85 人死亡，31 人失踪，264 人受伤，以及农作物受灾 37.34 万公顷，牲畜死亡（或丢失）12 万头（只）等当时 5 亿多元的直接经济损失。

我国有句天气谚语，叫作“南风刮到底，北风来还礼”，说的其实就是这种气旋过境的情况。一个个气旋的不断东移入海，便造成了我国冬春季节天气先暖后冷，冷暖不断变化。

在南半球，温带纬度陆地很少，温带气旋的不断东去，经常在南极大陆周围洋面上造成狂风大浪，所以有“咆哮的 40° S”（S 表示南纬，例如 90° S 就是南纬 90 度，也就是南极）、“狂啸的 50° S”的说法。就是在位于 34° S 的南非好望角，海员们也有“好望不好过”的体验。

在自然界移动性天气系统中，温带气旋和台风是其中的“庞然大物”。在众多的“小字辈”中，最“出色”的要数龙卷（风）了。它们一般只有几百米甚至几十米直径；生命史也很短，一般在十几分钟至几十分钟；移动距离几百米至几千米。可是却千万不能小看它，因为全世界最大的风速恰恰发生在这种龙卷之中。它造成的灾害范围虽小，但强度却是最大的。龙卷主要发生在中低纬度（20°～50°）地区，全世界以美国龙卷最多，平均每年有700个左右。

龙卷诞生在积雨云之中。这种云是从淡积云到浓积云发展而来，状如大山。前述冰雹也是发生在这种积雨云中。当它发展到特别强盛时，云中便会产生极强烈的旋涡，这种旋涡慢慢从云中下垂，像大象的长鼻子一般，称为“漏斗云”。漏斗云一着地就是龙卷（在海上称水龙卷）。龙卷中因为空气高速旋转，加上高空气流辐散，“漏斗”中气压极低，可比周围大气压力低几百个百帕之多。由于龙卷中的气压比台风中的还低得多，因此最大风速也比台风大得多，

图26　龙卷

常可达 100 米 / 秒，甚至 200 米 / 秒以上。它内部极低的压力还产生了强大的吸力，因而常会产生戏剧性的破坏。曾经发生过这样一件事：一个龙卷经过一幢房子，龙卷边缘擦墙而过，结果把房子一侧的墙壁全部吸走，而整幢房子却安然无恙。事后还有人拍下了照片。龙卷所到之处，也吸地面上的东西，甚至“挖开”地面，把地下埋藏的银币、粮食等也吸上了天，到远处风速小时吸走的东西又降到地上。世界上所有的怪雨，如银币雨、鱼雨、青蛙雨、龙虾雨、乌龟雨、水母雨、螃蟹雨、麦子雨、谷子雨、水果雨……几乎都是龙卷的杰作，不值得奇怪。甚至还有龙卷把活人吸上天，最后，人却安然落地或落在树上或柴禾堆上的记载。例如，1988 年 7 月 2 日 18 时 15 分上海市松江区新滨乡泾圩村三十多岁妇女刘兰芬在卖粮回家途中，就被龙卷吸上数十米高空，降在 500 米远处一家农舍院中，竟安然无恙。

“大海航行靠舵手，万物生长靠太阳。”地球上所有风的动力都来自地球上太阳热量的不均匀分布，但这种不均匀分布热量所形成的大气环流和各种风系，反过来又使得地球上这种热量的不均匀分布趋于缓和，使赤道不过热，两极不过寒，地球上大部分地区适宜于我们人类居住。

十四、地形制造的形形色色的地方性奇风——大气环流和风（三）

在北京城区天气预报中，每逢晴天，又没有大风，风的预报大都是：“白天北转南，风力二三级；夜间南转北，风力一二级。”这种规律性的地方风就是因地形而形成的一种山谷风。

在山谷中，每当太阳升起，山坡渐渐变热，随之坡上气温也开始上升。但是此时坡前同高度上的自由大气因为空气不能直接吸收太阳短波辐射热量而并未升温。坡上由于气温高，密度小，气压便比坡前同高度上自由大气要低，于是气流便从谷中向山坡

1997 年 7 月 8 日 星期二		
北京市气象台天气预报	今夜 晴间多云 降水概率 10% 南转北一二级 低温 21℃	明天 晴间多云 降水概率 10% 北转南二三级 高温 35℃

1997 年 7 月 9 日 星期三		
北京市气象台天气预报	今夜 晴间多云 降水概率 10% 南转北一二级 低温 22℃	明天 晴间多云 降水概率 20% 北转南二三级 高温 34℃

图 27 北京市两天的天气预报

流来。山坡上各高度气流都这样流的结果，便汇成一股沿坡向上流动的风，叫作谷风。夜间情况相反，坡上因气温低，因而气压高于坡前同高度的自由大气。密度大的冷空气沿坡下流，叫作山风（也就是形成拉萨夜雨中的山风），总称山谷风。北京虽不位于典型的山谷里，但是北京城西有太行山，北有燕山，位于两山脉交界的谷口处，因此基本上也是一个山谷地形。其实，即使是位于一面山坡上或坡麓，也会有这种周期性的风，道理也是一样的。白天吹沿坡上升的上坡风，晚上吹沿坡下流的下坡风，合称坡风。由于坡上和坡前同高度上大气间的温差白天大于夜间，因而谷风（上坡风）风速大于山风（下坡风）。例如，北京的谷风平均比山风风速大了一级。

所以，如果我们在山谷中建工厂，最好建在城镇的下游方向，因为夜间山风不会把污染大气带给城镇，而白天沿谷向上的谷风，由于它具有向上的分量，向空中扩散，因此地面上的污染便轻得多了。

但是，如果山谷中的不是水，而是冰，而且规模比较大，那么这时的情况就又不同了。因为冰川上的气温恒低于坡前同高度自由大气，因而全天持续吹下坡的山风，这样风称为冰川风。珠穆朗玛峰北坡的冰川风就十分强盛，即使在离冰川末端 3 千米～ 6 千米的河谷中，冰川风的年平均风速仍可达到 6 米 / 秒～ 8 米 / 秒，最大曾达 20 米 / 秒。1966 年 3 月～ 5 月珠峰考察队曾记载：“强劲的冰川风有时会飏起沙石，掀起帐篷。”

如果冰川面积进一步扩大，那么不仅山谷里，连山顶上也都被冰川覆盖，如南极大陆和格陵兰。那么风又该如何吹呢？

这时，贴近冰面的空气，因为接触严寒冰面而冷却，密度增大，它就会像雨水下在起伏地形上一样沿坡下流，沿沟汇流，因此这种风过去被称为“径流风”或“外流风”。

不过，在南极内部地形比较开阔平坦的地方，风却并不严格地服从地形，因为还有前述的地转偏向力起作用。而且因为纬度越高，风速越大，地转偏向力也越大，其结果是实际风向要比沿重力方向向左偏转一定角度。例如，在南极点上，风向为 38°。在这里，我们首先要介绍一下南极点（南极点上有个美国南极站）上风向的特殊记法。因为如按气象学中的一般规定，南极点的风向不管什么来向都应记为北风，但这样记并没有什么意义。因此后来规定，以从格林尼治经度上吹来的风向为 0°，从西经 90° 经线上吹来的风为 270°。这样南极点上的最多风向是 38°，就是从东经 38° 经线上吹来的。南极点上风向特别稳定，都在 26° ～ 54° 之间，就是因为稳定的逆流风加上稳定的地转偏向力偏转作用的结果。但由于这种风向偏转一般只发生在贴近地面的强逆温层内，因此现在科学上称之为“逆温风”。

实际上冰川风和逆温风也是周期性风系，因为虽然它们季节和昼夜间的风向基本没有变化，但它们的风速在全年白天或是整个夏季小，而在全年夜间或是整个冬季大（因为全年白天和整个夏季阳光照射坡上，减小坡上和坡前自由大气的温差），风速仍有时间的周期变化。

以上几种风都是由下垫面（地面）相对其坡前自由大气间的温差，即热力效应而形成的一类风场。地形对风的另一类影响，作者称之为机械影响，因为都不是热力作用形成的。它们有的虽然气流状态也会发生很大变化，但都是在气流形成以后，机械流动过程中发生的，主要有布拉风、焚风和隘口大风等。它们都是非周期性风系。

布拉风是一种从寒冷山区高原流向邻近温暖海上的冷风。例如，黑海东北岸的诺沃西斯克城（诺城），1948 年 1 月 12 ～ 13 日夜间，东北大风从城市背后的瓦拉特山脉上奔泻而下，气温陡降到 -16℃～ -20℃，于是黑海上掀起巨浪。飞溅的浪花在海岸上及沿岸的建筑物体上迅速冻结起厚厚的冰层。冰层把许多民房的门、窗甚至烟囱都统统封死了。布拉风的产生，是因为在寒冷的高加索山区发展着冷空气高压，而在相邻温暖的黑海上发展着暖空气低压。瓦拉特山脉（大高加索山的余脉，海拔约 650 米）上的冷空气受黑海低气压吸引，便沿瓦拉特山脉几乎笔直的西南坡（约 60° 坡度），像瀑布般地直泻山麓入海。据 1901 年—1954 年共 54 年的资料统计，冬季中共发生过 636 次布拉风，其中成灾（风速大于 30 米 / 秒）共有 41 次，平均每次持续 3 天～ 4 天。南欧亚得里亚海东北海岸的布拉风曾吹翻过火车。从法国中央高原上发展的冷高压，受南方地中海温暖低气压的吸引，沿罗讷河谷南下的布拉风（当地称为密司曲拉风），因其作恶多端，曾被当地人民列为“三害”之一。

我们前面讲的气流爬山的故事实际上还没讲完，这里要来结束它。因为它现在已经流到背风坡山坡下部和山麓地带了。此时的爬山气流已经变得面目全非，原来迎风坡上湿润凉爽的气流已变得又干又热，它最强烈的时候，使沿途的作物和草木叶子迅速发黄，像被火烤过了一般，因此得名“焚风”。焚风是由于气流在迎风坡上降下大量雨雪之后，水汽大大减少而形成。气流越过山顶不久就雨止云散，而这种无云气流每下降 100 米要升温 1℃之多，比迎风坡上有云气流要高 0.5℃。因此，如果气流从迎风坡山麓开始就有云，到山顶雨止云消；如果山脉高度为 3000 米的话，那么背风坡山麓的气温就要比迎风坡麓高出 15℃之多。而且，由于背风坡气流中水汽极少，因此气流中的相对湿度更因升温而进一步剧降。这就是焚风又热又干的原因。世界上焚风最显著且出名的地方是北美西海岸南北向的落基山东坡和欧洲东西向的阿尔卑斯山脉的北坡。

但是，焚风也有益。轻度的焚风有助于作物成熟。例如，中亚地区的焚风可以使玉米提早成熟，从而免遭秋霜之害。因此，当地干脆称焚风为“玉米风”。在阿尔卑斯山北坡的瑞士境内，只有受到焚风影响的地区，葡萄和玉米才能成熟，影响不到的地方就不能成熟。焚风还使温带的瑞士卢塞恩湖地区的植物具有亚热带的色彩。落基山东坡的强烈焚风可以在一夜之间升温 30℃，24 小时焚风便会“吃尽”30 厘米厚的积雪，因而次日又可照样出外放牧牛羊，当地牧民称焚风为“吃雪者”。

气流像水流一样，每当截面减小（例如进入峡谷隘口），流线密集，流速就会迅速增加。著名三峡紧束长江，水流湍急，李白遂有“千里江陵一日还”之句。我国新疆有好几个著名风口。例

图 28　云南洱海边、苍山风口处的偏形树

如，阿拉山口就是新疆和中亚的三条主要通道之一，位于隘口东南方的阿拉山口气象站每年八级以上的大风有 165.8 天，大风曾经多次刮倒风向杆，吹坏风速仪，最大风速多次在 40 米 / 秒以上。天山南北主要通道之一的达坂城三十里风区和哈密地区的百里风区，大风曾多次刮倒火车，因此在达坂城火车站还专门建起了高三米多、宽两米多的挡风墙，这肯定是世界铁路史上罕有的建筑。百里风区的中心还专门建立了一个季节性的气象站，以监测大风，提高大风预报的准确率。在新疆北部克拉玛依市北侧的老风口（也是新疆和中亚三条主要通道之一），风的余威还把下游的泥岩和砂岩组成的山头，“雕刻”成了闻名中外的“魔鬼城”。从滇池西侧的苍山山脉山口吹出的峡管大风，把洱海西岸公路上的行道树吹成了偏形树，相应每个山口都有一段。因为常年较大的西风把树木西侧的枝芽吹得干枯，只有背风东侧枝叶才较繁茂。因而树形明显东偏，指出了这里常年盛行的风向（图 28 是有风时照的，但无风时形状也相差不大）。前述诺城会产生布拉风，也是诺城正位于436米高的麦尔霍次克隘道下方的缘故。这里年平均风速 9.2 米 / 秒，比我国达坂城和阿拉山口的风速都大。

但是，隘口大风也可以加以利用。例如，我国最早的风力发电场正是建设在新疆的达坂城风口，当时装机容量已达 1 万多千瓦。美国最大，也是世界最大的风力田分布在加州阿尔塔蒙特隘口两侧广阔的山坡上。利用这种绿色能源可以大大减少热电厂向大气排放的二氧化碳等温室气体，缓解全球的大气温室效应。

图29 风力发电机群

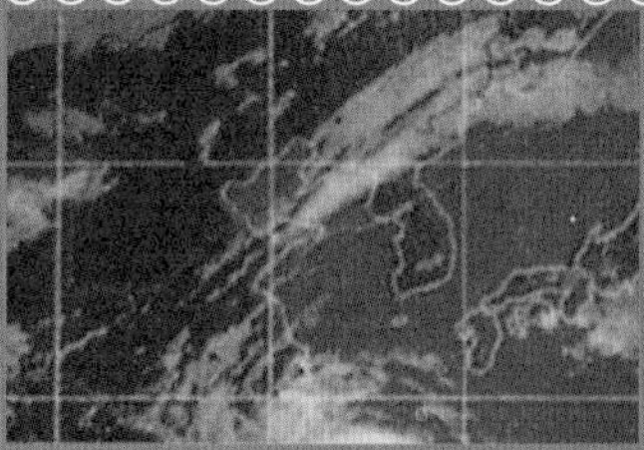
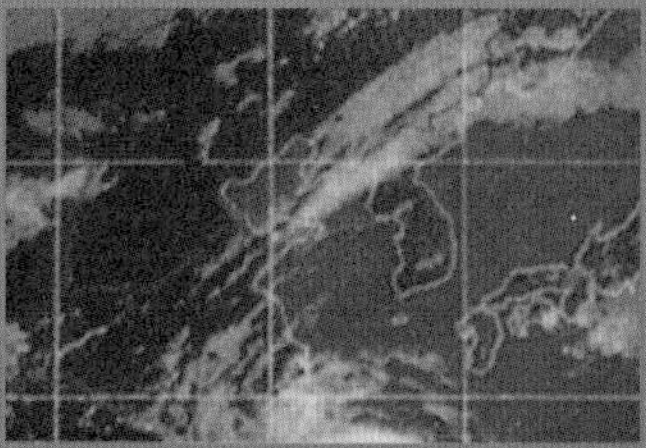
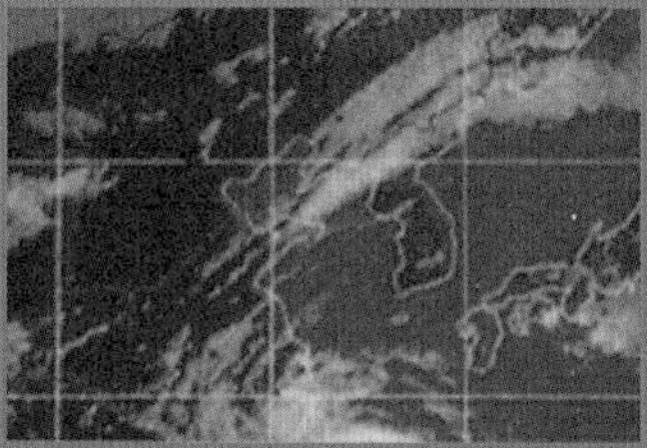
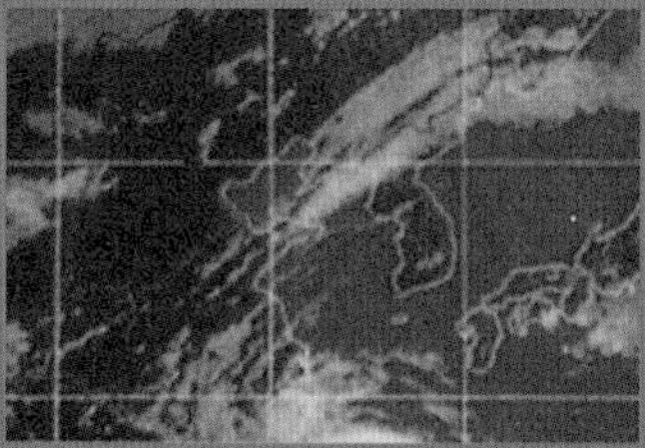
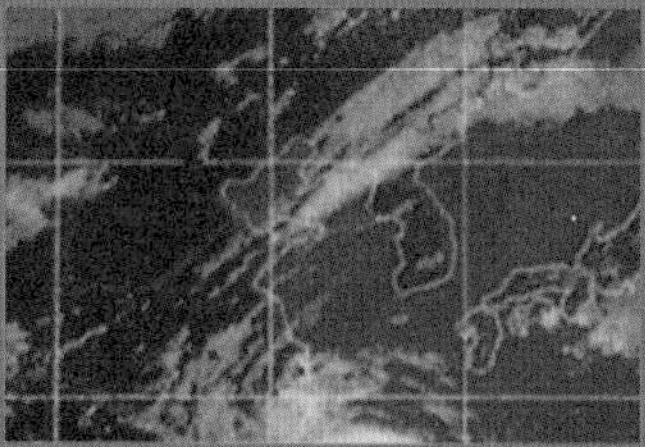
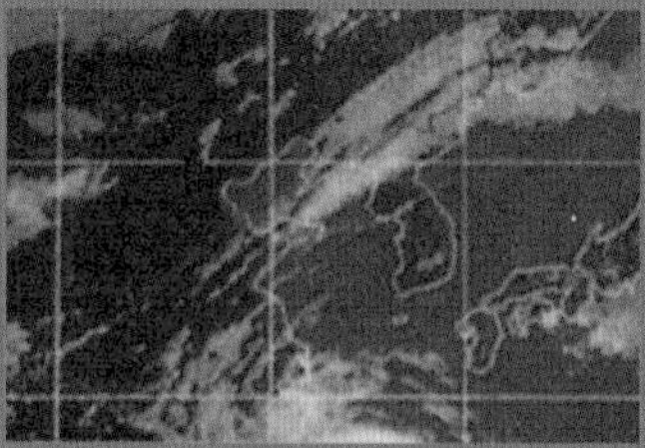

十五、气象台如何预知天气

自古以来，人类吃够了坏天气的苦头，严重的自然灾害更是夺去了数千万人的生命。人们早有预知天气的愿望。这个愿望，到今天可以说已经基本实现。

很有意思，肆虐人类的灾害性天气，却也是诞生天气预报的主要促进者。世界上许多气象科学的重大发展都是由气象灾害推动的。据记载，世界上最早观测降水量的国家是印度，这是因为印度的农业主要依靠印度洋夏季风带来的雨水。可是夏季风雨量的年际变化却很大，雨少了赤地千里，雨多了又造成大面积洪涝灾害，给印巴次大陆的农民带来了深重灾难。英国则是因为1854年—1858年连续5年大旱，农作物歉收造成饥荒后，才促进了气象观测网的建立。

世界上现代天气图预报方法，也是以一次战争为契机而诞生的。1854年11月14日，英法联军集中了强大的舰队，准备在黑海的巴拉克拉瓦港对俄军实施登陆作战。但一场十一级至十二级的强风暴突然袭来，英法联合舰队不战自溃，几乎全军覆没。事后巴黎天文台台长勒弗里埃受命研究这场风暴。他向各国科学家发信，收集了1854年11月12日～16日5天的天气实况。他依次把同一时间不同地点的气象情况填在一张张地图上，发现这场风暴是自西欧东移而来。当它到达黑海的前一两天，西班牙和法国都已受到它的影响。他填的这些图，可称是世界上第一张天气图。1855年3月19日，勒弗里埃向法国科学院提出，如果组织观测网，迅速将观测资料集中一地，绘制天气图，就可以推断风暴未来的移动路径。由于当时电报已经发明，因此后来各国纷纷组织观测网站，拍发气象电报，根据地面天气图来预报天气。直至今天，天气图仍是天气预报最基本的工具之一，只是内容和方法都已有了很大发展。

但是，简单天气图预报的准确率不是很高，因为它所使用的外推法的前提是天气系统（风暴）的移动方向、速度以及风暴的强度不变，或者是按某一固定规律而变化。然而，实际天气不是这样的，因而这种方法在天气剧变时不仅不准确，还常常出错。

大约近二三十年来，由于气象科学的理论水平不断提高，对大气运动规律的逐步掌握，用数值预报天气的新技术得到广泛应用，即把大气的状态和运动的基本规律总结归纳成为 6 个偏微分方程组，把气象观测到的实况作为预报开始时的大气状态（初值）代进去，求解得到未来时间的大气状态（但每次计算的时间不能太长，一般取 15 分钟）。然后把第一次的计算结果作为初值再输进去进行第二次计算，得出 30 分钟后的大气状态。这样可以一直算下去。一般情况下一直可以计算到 5 天～ 7 天还保持一定的准确性。而主要依靠外推的天气图方法，第 3 天准确率就急剧下降而无法使用了。当然数值预报需要有高速电子计算机设备实现。否则计算速度赶不上天气变化，也就没有实际意义了。

当然，也应指出，由于人类对大气运动的物理规律并未完全

图 30　甘肃省嘉峪关新一代气象雷达

掌握，加上海洋、沙漠、高原和极地等地区气象站点稀少等方面的原因，因此它也是会有失误的，需要不断改进和提高。

不过，人类能够运用气象学理论，用电子计算机来预测未来天气，而且精度还在不断提高，这总是值得骄傲的伟大科学成就。

在目前气象台天气预报业务工作中，值班预报工程师一般主要根据各种数值预报产品，并结合天气图和卫星云图等其他预报方法和工具，先得出主班的初步预报意见，然后经集体讨论（称为天气会商），最后做出向公众发布的天气预报。有重要天气时，还要和上下级和附近地区气象台进行电视、电话天气会商。

最后，我们应该补充一下为什么天气预报有时不准的原因。

除了前面所说的我们对大气运动规律的认识水平和资料不足方面的原因以外，确实也有一些客观原因。这主要指的是中小尺度天气，如雷雨、飑线、龙卷等等，它们直径很小，往往只有几十千米，生命史也很短，只有几个小时，有时甚至只有几十分钟，因此，目前的天气观测网根本发现不了它们（地面观测每六小时才进行一次。上百千米才有一个气象站），预报它们当然也就无从谈起了。这种中小尺度天气系统的预报，需要更密的观测网站和建设专门的雷达观测等系统。这也就是我们日常生活中感到气象台对冬季大范围大风、雨雪天气预报比较准确，而对夏季雷阵雨等中小尺度天气预报不够准确的原因所在。这种天气预报在气象部门专门称为短时预报或短临预报，以与1天～3天的短期天气预报相区别。

顺便说一个报载过的气象笑语。说的是一位老太太天天看天气预报，常听见“局部地区有雷阵雨”，于是她说：“幸亏我们不住在那个‘局部地区’里，否则要天天下雨了。”不过作者在这里解释这个问题倒确实不是为气象台推卸责任，因为特别是夏季广大山区中，因地面受热不匀产生的局部性雷阵雨的位置和路径确实经常有变化，城市中夏季也常发生“东边日出西边雨”的情况，这是每个人都曾经历过的。

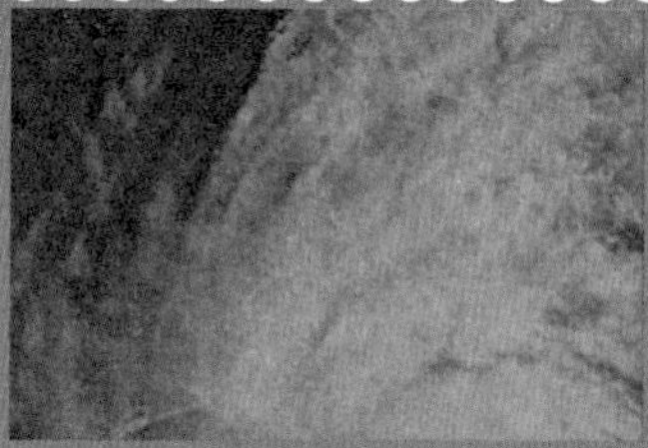
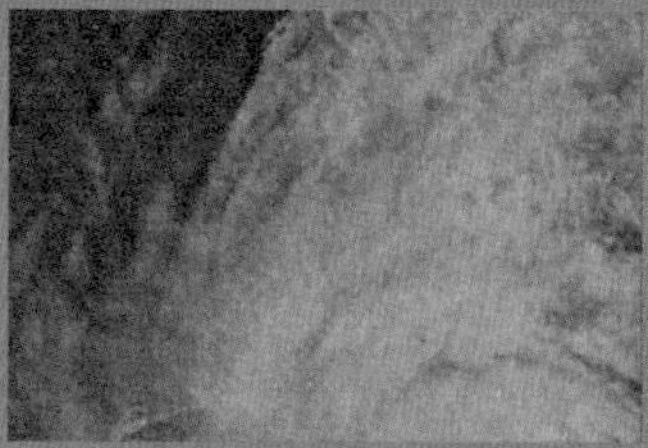
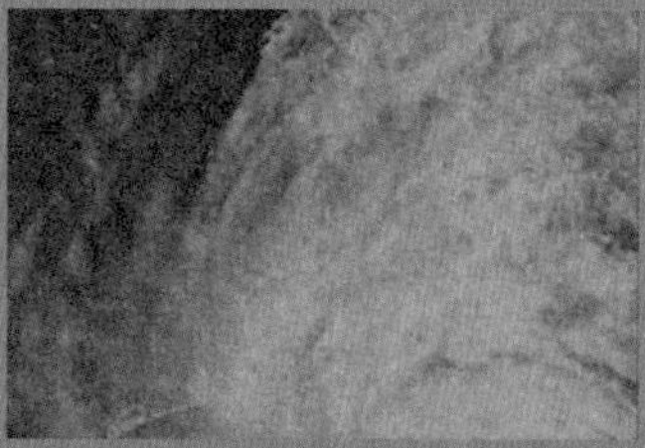
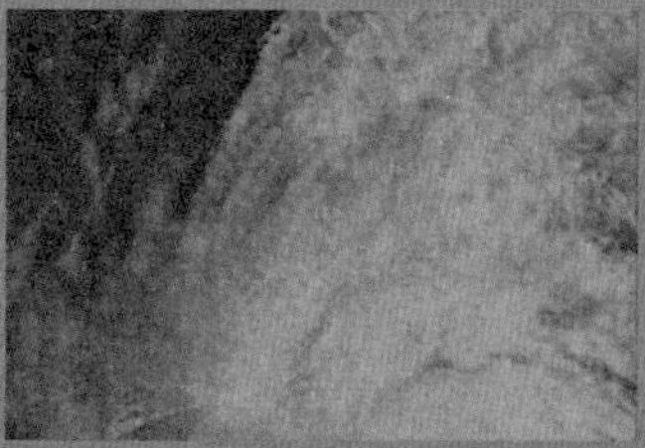
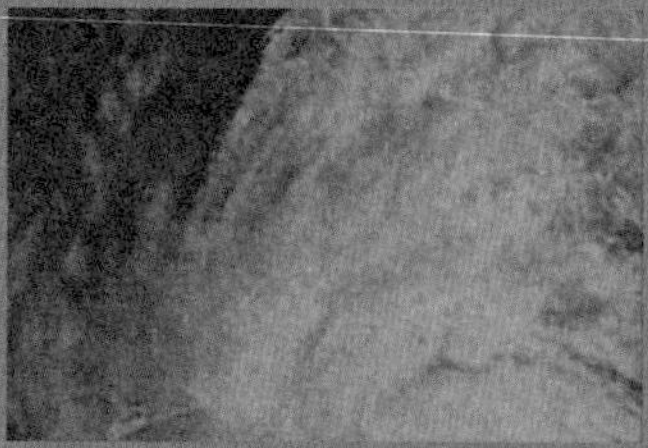
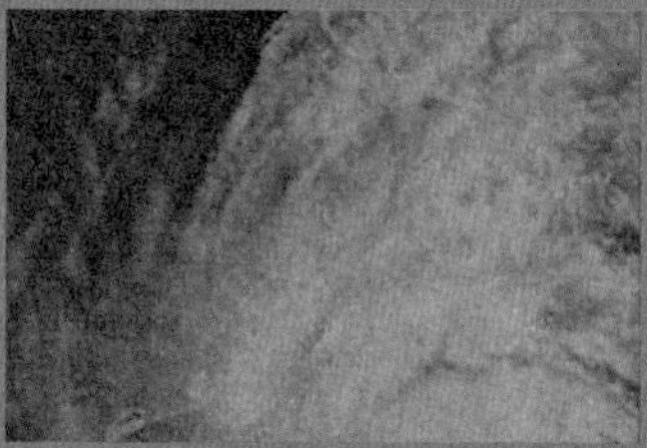

十六、如何利用气候资源

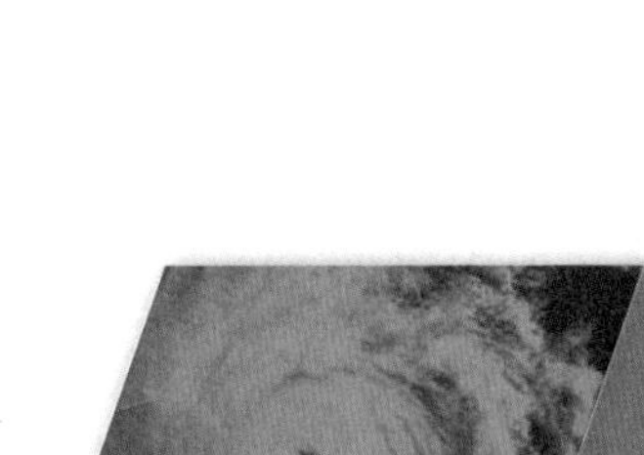

以前，人们并没有认识到气候也是一种资源，可能是因为它不像森林、矿产和土地那样看得见摸得着，而且又“取之不尽，用之不竭”吧。但随着社会人口的增长，对粮食和经济作物等物质需要迅速增加，气候条件对发展农业生产的限制和影响日益明显，于是如何充分而又合理地利用气候资源的问题便提上了日程。

气候系统有大、中、小、微之分，故气候资源也有大、中、小、微之别。大气候是指在相同大气环流条件下，广阔均一的下垫面（如海洋、大平原）上形成的大范围气候。这种气候的地区间差异相对很小。由于目前人类尚无能力改变大气候以适应自己的需要，因此，从农业角度上说，目前最重要的便是精心选择适合当地气候的农作物种类和具体品种，以使大气候资源能发挥其最大作用。

例如，我国南方的气候湿润而春夏多雨，特别适应水稻种植，而北方有春旱，因此可种植较为耐旱的冬小麦。我国历史上就形成了“南稻北麦”的作物分布大格局（分界线大体在秦岭—淮河一线）。不过历史上这类“南稻北麦”的形成需要漫长的时间，而且常不可能达到“最佳状态”。新中国成立后为了解决经济建设中的许多迫切问题，我国先后进行了全国性的气候区划和农业气候区划，指导各地调整耕作制度，并为当地农业部门选择最适合当地的作物种类和品种提供依据。这样就能化当地的气候资源优势为农产品优势，充分而又合理地用好我国的大气候资源。例如，黑龙江省气象局曾把全省划为5个热量气候带，帮助农民按带种植相应的作物种类和品种，使夏季冷害和秋季霜冻害大大减轻，全省粮食产量由此获得突破性增长。

因此，从气候区划使资源利用得到优化的角度看，过去局部地区盲目把柑橘、茶叶等亚热带经济作物北移，把甜菜、苹果等温带经济作物南移，其结果不仅成本高，产量低，而且关键是质量不好，因此是不足取的。

前面已经说过，雨热同季是我国优越丰富的大气候资源之一。在我国很早开始而现在得到大力发展的间作套种制度，正是充分利用这段时间大气候资源的一种有效方法。例如，北方常在即将成熟的冬小麦地里套种玉米，这样可使生长期较长而高产的玉米，在原本不能成熟的情况下，得以正常成熟，不受秋霜危害，而且套种对即将收获的冬小麦无碍，玉米从播种到幼苗期也不需很强的光照。另外，我国南方地区许多农田，一季中稻收割后还有约两个月的空闲时间，可是种一季作物又嫌短，因此许多地方发展了再生稻（留老根，发新枝），江西、重庆等省、市已获得每公顷产3000千克左右的好收成，以至于农业部曾把它作为灾年夺取全年丰收的一种主要措施。

中、小气候常合称局地气候，主要是由于下垫面不均匀，如山区地形起伏，平原上下垫面干湿不同等造成的。局地气候的尺度一般为几十千米左右。这种不同于大气候的中、小气候，有些正是有用的局地气候资源。

第一种是水域局地气候资源。柑橘是一种很怕冷的经济作物，一般在 -7℃开始受冻，-11℃时常会全株冻死。上海地区曾 4 次发展柑橘而收效甚微，就是因为上海冬季常有 -7℃以下的低温。但太湖中的西山、东山岛以及长江口的长兴岛，因为水体可以在清晨最冷的关键时刻提高最低气温，且缩短了有害低温的持续时间，

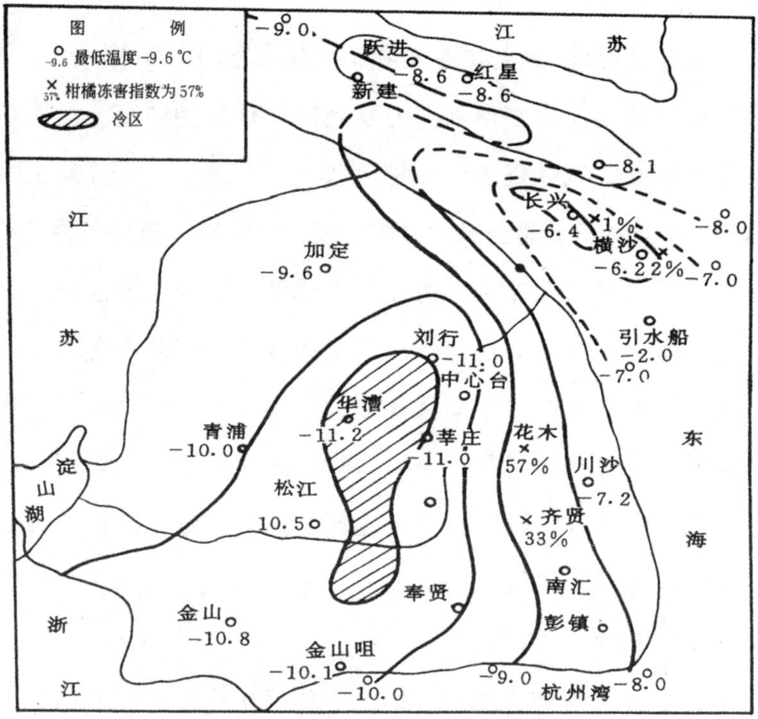

图 31　1977 年 1 月 31 日上海市最低气温（℃）及柑橘冻害指数分布示意图

因此太湖种柑橘已有千年历史。后来居上的长兴岛提供最低气温的能力更好，成了上海新兴的柑橘基地，它曾供应了上海 1/3 的柑橘需要，长兴岛也由此成为我国东部地区最北的柑橘基地。从图 31 上可以看到，1977 年 1 月 31 日上海大冷，市区西侧华漕最低气温 -11.2℃（市区气象台 -10.1℃），柑橘冻害指数高达 67%，而长兴岛仅 -6.4℃，柑橘冻害指数仅为 1%。

第二种是地形局地气候资源。例如，武汉因为位处北方冷空气南下的通道上，每隔几年就有一次强冷空气带来的有害低温，因此种柑橘没有经济利益，但鄂西山区由于山区屏障对冷空气的阻遏，秭归每年的极端最低气温大约可比东部武汉平均提高 5℃～ 8℃，因而优质脐橙引种成功。

还有，冬季中河谷盆地底部在夜间蓄积了从山上流下来的辐射冷却空气（山风），形成了一个局地性的冷空气湖，气温常常可以在零下（有冻害）。但从盆底向上，气温全随高度上升而上升（称为逆温层），并在达到最暖高度后，再随高度上升而正常降低，直至重新低于 0℃。因此在盆地底部的中下部常常会有或宽或窄的一层中气流高于 0℃（无冻害），气象学上称为暖带，如图 32 所示。这也是气候资源。例如，西双版纳的热带作物橡胶，每当强冷空气南下时，谷底和山坡中、上部的橡胶树都冻得破皮流胶，但暖带中却可以不受害或冻害很轻。

第三种微气候尺度很小，一般只有几十米甚至几米，因此完全可以人工制造。例如，食用菌是人们喜爱的蔬菜之一，因其喜阴湿，一般不能在自然条件下生长，但如果加以遮阴，例如地道中，人工便能大量生产。此外，皖西南低山区种茶叶，辽宁低山区发展人参等，也都靠人工遮阴。还有，现在南方水稻育秧都采用温室或塑料大棚，这也是一种人工微气候技术，它不仅可以保证育出壮秧，为丰产奠定基础，而且可以节省出秧苗在大田的育秧时间，使雨热同季的夏季大气候资源得到更充分的利用，使当地能种植生长期长的高产优质大米品种。宁夏曾以现代温室为主体，发展冬季高效农业，充分利用冬季中闲置的资源（包括太阳能和人力），每公顷生态温室年收入 30 万元～ 60 万元。宁夏已把发展这种冬季高效农业当作一项战略任务来抓。

20 世纪末，北方除了塑料薄膜大棚和温室以外，还普遍发展了地膜覆盖技术，这可说是一种最微小的人工气候资源，它制造

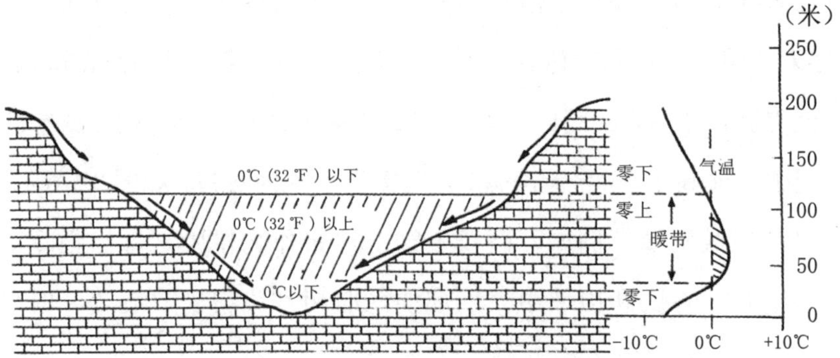

■ 图 32　河谷中暖带形成示意图

的微气候层甚至只有几厘米，但也能起到提高地温增加热量资源的作用。陇东南地膜洋芋使洋芋产量大增，分布高度上移，广大贫困农民生活达到温饱线以上。甘肃地膜小麦增产88%，1996年全省已发展到2.73万公顷。地膜覆盖成为今后甘肃粮食增产的主要措施之一。新疆地膜棉花也大面积获得高产，1997年30万公顷棉花（其中地膜棉占97.84%）平均单产99千克，荣登全国棉花单产冠军宝座。

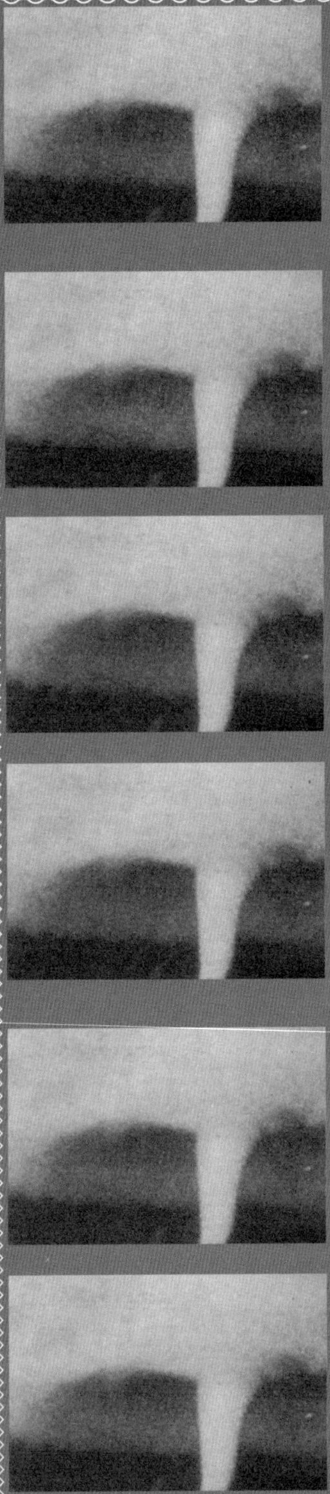

十七、地球气候在变化

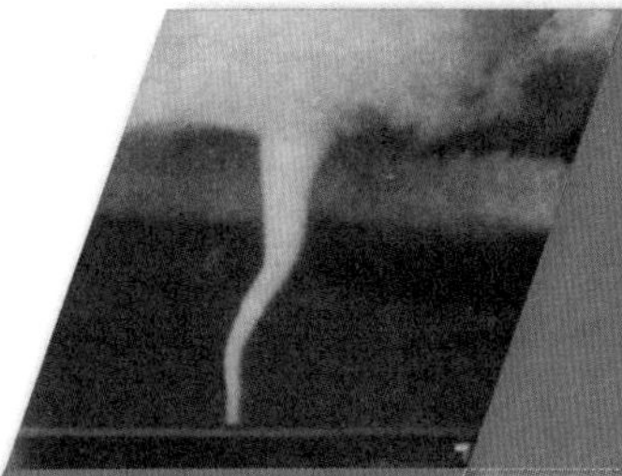

宋代科学家沈括在太行山上看到了山崖中常镶嵌着海滨常有的螺蚌壳和鹅卵石，他由此推断出这里过去是沧海。历史上遂有“沧海桑田”之说。这的确是事实。一个地方甚至可以不止一次地沧海变桑田，只不过这种变化十分缓慢，人的寿命只有百年，在这短短的一生中不可能看到罢了。

气候变化也是如此。

自从地球大气形成以来，地球上经历的气候变化，大体可以划分为地质时期、历史时期和近代三种时间尺度来叙述。

地质时期长达二三十亿年，因而气候变化幅度也极为巨大。在地质时期，地球陆地上既有大范围冰雪覆盖的大冰期气候，又有温暖的间冰期气候，它们交替出现，两者的年平均气温可以相差 10℃以上。年平均气温相差 10℃是个什么概念呢？在现代，北京（北纬 40°）年平均气温 11.3℃，广州（北纬 23°）年平均气温 21.8℃，两者相差也只有 10.5℃。

在地球历史中大冰期曾多次出现大幅度的气候变化，如今了解得比较多的是最近三次大冰期。第一次是距今约 6 亿年前的震旦纪大冰期，第二次是距今 2 亿～3 亿年前的石炭—二叠纪大冰期，第三次是距今约 350 万年前开始的第四纪大冰期。大冰期平均约 2.5 亿年一次，每次持续几千万年。大冰期中不仅南北极有冰盖，而且在中纬度地区，冰川从高山上流到平地形成广阔冰原。大冰期中冰雪覆盖面积大约占地球陆地总面积的 24%，而温暖的间冰期中甚至连两极都没有冰盖，由此可见地质时期中气候变化之剧烈。

实际上，在一个大冰期中气候也不是稳定不变的，只是变化小些罢了。例如，在大冰期中还可以划分出时间尺度为几十万年的亚冰期和亚间冰期，甚至再从中划出时间尺度为几万年的副冰期和副间冰期。由于第四纪大冰期才开始 350 万年，远不到前几次几千万年的长度，而且目前地球上冰雪覆盖面积约 11%，因此多数科学家认为，地球目前尚未走出第四纪大冰期，只是处在亚冰期中的一个副间冰期之中（最近一个副冰期已在 1.8 万年前结束）。这也不是没有道理的。

历史时期的气候变化主要是指从最近一个副冰期后的 1 万年来，特别是近 5000 年来的气候变化。历史时期中年平均气温变化幅度一般不超过 3℃，不会像大冰期那样造成地理环境的巨大变化。由于历史时期中已有人类文明出现，人们可以根据对各种考古文物和历代史书方志等记载来研究气候变化，因此人类对历史时期中气候变化的了解比地质时期要详细得多。

我国已故的中国科学院副院长竺可桢先生，从浩如烟海的史料和考古资料中分析得出了我国近 5000 年来温度变化的大致规律，而且这个规律也大体被复旦大学学者通过分析从地层中埋藏的植物花粉和孢子所证实（植物种类与气候冷暖关系密切，而植物花粉的坚硬外壳可以使它长期保存在地层中）。我国近 5000 年中气

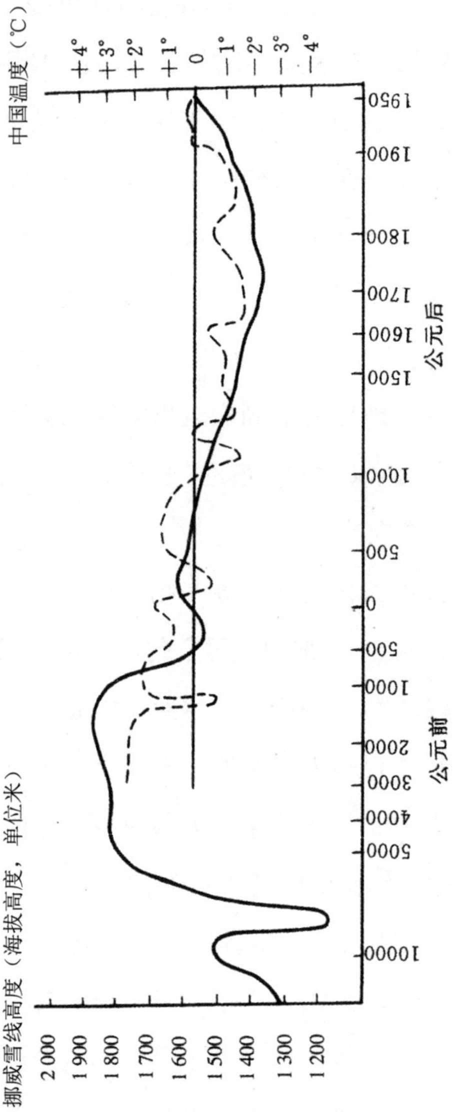

图 33　近万年来挪威雪线高度（实线）与
5000 年来中国温度（虚线）变化趋势（竺可桢）

温变化如图 33 中曲线所示，它和国外根据挪威雪线高度升降反映出的近万年气温变化趋势是比较一致的。后来，后人在他的工作的基础上，根据历史文献记载进一步地挖掘、整理和研究，对以前的工作进行了补充和修正。例如，有的研究成果认为，近 5000 年来我国气候变化，可以更细致地分为五个温暖期和五个寒冷期。现简介如下。

（一）夏商时期的温暖气候（公元前 21 世纪—公元前 11 世纪）

在我国考古工作中，殷墟考古史是十分著名的。殷墟是商代后期都城的遗址，在今河南安阳市西北，是我国历史上可以肯定确切位置的最早的一个都城。殷墟考古中曾出土了大量的动物的骨

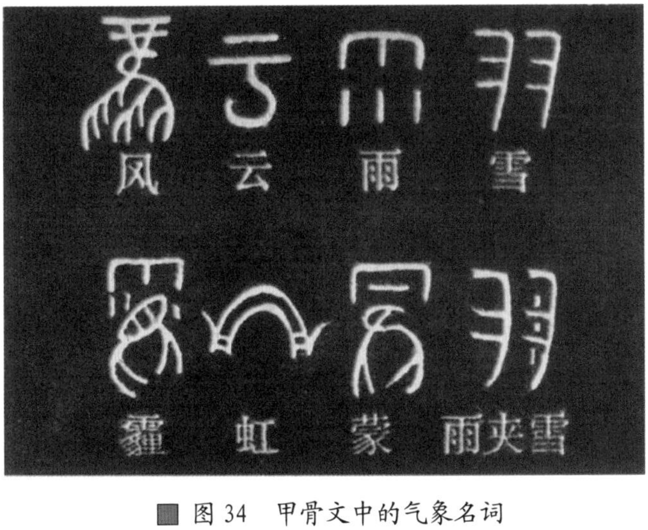

■ 图 34　甲骨文中的气象名词

骼，共 29 种。其中小型动物中的獐、竹鼠，目前只分布在亚热带地区；而大型动物，如犀牛、大象等目前仅分布在热带地区。殷商时代还没有纸，人们都用在甲骨上刻字的办法记事，称其为甲骨文。许多甲骨文都记载了人们猎象的场景，而且已经显得很有经验。这说明河南北部当时气候十分温暖。如果把犀牛（现今在我国已灭绝）和象群活动的地区作为亚热带北界，那么当时亚热带北界可以达到现今豫北安阳一带。而现今亚热带北界在河南南部淮河一线，偏南了约 400 千米，而且现今淮河一带，冬季中冰霜是常见的物候现象。

（二）西周时期的寒冷气候（公元前 11 世纪—公元前 8 世纪中叶）

自西周中期以后，中原一带气候发生了重大变化。出土的动物骨骼表明喜暖的动物群消失了；古文献中黄河流域也已没有了犀牛和象成群活动的记载。它们的北界已往南退到了长江流域一带。这表明中原气候已转向寒冷。

气候的变化也反映到文化艺术上。商末和西周前期所出土的青铜器上大都刻有象的图案和花纹，甚至还有玉雕象出土。这说明了当时气候温暖，野象较多。可是从西周中期以后，象的雕刻逐渐消失了。

从西周晚期开始，有寒冷事件记载。例如公元前 10 世纪末的周孝王在位时，长江和汉水都曾有过冰冻。可这种现象在现代是不可能发生的。

（三）春秋时期的温暖气候（公元前 8 世纪中叶—公元前 5 世纪中叶）

西周晚期的寒冷气候结束以后，气候又迅速回暖。公元前 720 年和公元前 478 年有记载说黄河下游地区的小麦收获提前到了夏历四月间，比现代早 10 天以上。文献还记载东周时期今山西西部、河南东部和秦岭等地都有梅树分布。当时梅的干果也作为调味品而流行于黄河流域（因为那时还没有醋）。而现今，梅树主要分布在亚热带地区。可见那时的黄河流域有着现今淮河以南的亚热带气候。《春秋》中还记载公元前 698、590 和 546 年，今山东曲阜一带的古代鲁国，冰房（冷藏食物用）冬天已无天然冰可采。

（四）战国至西汉时期的寒冷气候（公元前 5 世纪中叶—公元前 3 世纪）

战国时期气候又趋寒冷。文献记载小麦的收割时间推迟到了夏至（6 月 24 日）。初春气温回升、土壤解冻和开始农耕的日期也推迟了。气候转寒也造成了气候带的南移。例如春秋晚期《考工记》记载有“橘逾淮而枳”。其中的橘指柑橘，柑橘是亚热带经济作物，当时只能在温暖的淮南生长。而枳又称臭橘或枸橘，在冬季比较寒冷的暖温带淮北也能生长。枳果实小而味酸，不能食用，只能入药。这句话的意思是，柑橘种过了淮河便变成了枳了。其实柑橘和枳虽然树的外形相似，但并非是同一种植物。古人误以为枳是柑橘树种到淮北以后的变种。但到了西汉初，淮南王刘安组织编写《淮南子》时已改为"橘树之江北，则化为枳"。其中江是指长江。这就是说，那时候江北淮南之间地区已不能种橘而只能长枳。这说明当时气候已比春秋要冷，亚热带的指标植物柑橘已从淮河以南退到了长江以南。

（五）西汉中叶至东汉末期的温暖气候（公元前 2 世纪中叶—公元 2 世纪末）

西汉中叶气候又开始转暖，土壤解冻，春耕以及水稻播种等农事活动和春季物候开始时间都有不同程度提前。例如记载说西安 3 月 20 日候鸟燕子就来了，而现代要到 4 月中下旬。司马迁在著名的《史记》中描述了当时经济作物的地理分布："蜀汉江陵千树橘……陈夏千亩漆，齐鲁千亩桑麻，渭川千亩竹。"这些经济作物的北界也都比现代要偏北一些。

（六）魏晋南北朝时期的寒冷气候（公元 3 世纪初—公元 6 世纪中叶）

《齐民要术》是后魏时期的著名农业著作。竺可桢先生根据书中杏花盛开和桑花凋谢等物候推断当时黄河下游物候比现代要迟2周～4周，和现代北京相似。当时石榴等树木也要包裹才能过冬，否则都会冻死。而现代河南、山东等地石榴都可以露天安全过冬。另外，在这个寒冷时期中还有两个最冷的时段，即4世纪80年代至5世纪40年代，以及5世纪的80年代。这两个时段中的寒冷时间记载是整个魏晋和南北朝时期中最多的。例如，7月、8月、9月“有殒霜”，9月、10月“有大雪”等。

（七）隋至盛唐时期的温暖气候（公元6世纪中叶—公元8世纪初）

这个时期中，都城长安（今西安附近）皇宫中种有柑橘和梅树，这些都是亚热带树木。虽然皇宫中的条件要比大自然中好些，但这也总是气候变暖的一个标志。有人对《全唐诗》中有关皇宫中咏梅的诗进行了统计，发现咏梅诗主要出现在盛唐以前。约在8世纪中叶以后这类诗迅速减少，而咏寒的诗则大大增加。这也间接证明了8世纪中叶气候开始转向寒冷。

（八）中唐至五代初期的寒冷气候（公元8世纪中叶—公元10世纪初）

8世纪中叶以后气候又转向寒冷。有记载讲到唐朝末期长安一带葡萄需要全埋入土才能安全过冬，石榴树和板栗树也要包裹才不致冻死。更重要的是这一时期中特别寒冷事件的记载比较频繁。例如：公元 821 年—公元 822 年中海州湾和莱州湾“海水冰冻，东望无际”；公元 903 年苏北“江海冰冻”；公元 941 年莱州湾“海冻百余里”。此外还有苏州运河封冻；西安竹、梅、柿树冻死；关中 8 月雨雪交加，冻死军队；太湖地区 10 月 17 日“寒如仲冬，降雪……”；等等。

（九）五代至元前期的温暖气候（公元 10 世纪初—公元 13 世纪末）

这段时间比较长，又近现代，记载也比较多。现举出三例。

第一，根据史料记载，从北宋到元代前期我国冬小麦种植北界到达甘肃临洮，宁夏固原以北，陕西延安以北，山西大同，内蒙古翁牛特旗和吉林长春一线，比现今要偏北许多。

第二，据《清异录》记载，北宋初期太湖流域和今杭州一带都有用于制糖的甘蔗种植，甘蔗分布已逼近长江。杭州、宁波一带还有专门从事榨制蔗糖的糖坊。而现代甘蔗栽培北界在湖南邵阳、长沙、江西景德镇和浙江衢县、金华一线，比当时偏南 200 多千米。

第三，12 世纪末到 13 世纪初宋、金两朝以淮河为边界。金人饮茶成习，但金地原不生产茶叶。南宋向北方输送大量茶叶、茶子和茶苗。后来至少山东半岛茶树随山皆有，开封也是产茶地之一。1199年金朝还曾在山东淄（淄博）、密（诸城）、宁海（牟平）和河南蔡（汝南）四州设坊制茶。茶也是亚热带经济作物，可见当时的茶树北界也比现今偏北至少100千米。此外，当时柑橘、苎麻等分布北界也比现今偏北100千米以上。

（十）元后期至清末的寒冷气候（公元14世纪初—公元19世纪末）

13世纪初的小温暖期一过，一个较大规模的寒冷期开始了。这就是通常所说的明清“小冰期”。这个小冰期持续了500年之久。之所以得名，主要是因为这一段时间全世界也大都处在比较寒冷的时期之中，国外多称小冰期。这时大陆上的高山冰川普遍发展，冰舌下移；高纬度海域浮冰显著增多。在我国古代历史记载中，小冰期中的寒冷记载是历次寒冷期中最多最重的。例如，1329年、1353年太湖结冰厚达数尺，1351年11月河南境内黄河已出现流冰，甚至广州也出现了结冰现象。黄河以北的农牧过渡带中更因频频暴风雪灾害而赈济粮款的记载不绝。例如，“大雪10日深8尺，牛羊驼马冻死者十九，民大饥”（1335年）；“风雪为灾，马多死，赈钞一百万锭”（1340年）；等等。严寒使当时许多蒙古游牧部落受到严重打击，从1307年开始，在今蒙古境内的牧民就被迫大批南迁。农牧过渡带以南的黄河流域则表现为霜害频率的大大增加，作物严重歉收。明代万历（1573年—1620年）年间江南甚至出现“六月雪”，北纬20°的海南岛琼山区冬季也见了雪。这在现代都是不可思议的寒冷事件。

近代气候变化主要是指20世纪以来百年间的气候变化，其中年平均气温变化幅度约为0.5℃。由国家科委主编的我国气候蓝皮书（《中国科学技术蓝皮书（第5号）》）中统计处理了全国各地137个气象站（点）的气温记录，并进行5年滑动平均计算以显现其趋势，得出的基本规律是：近百年我国年平均气温变化大体呈先升后降，降后再升的趋势。即从资料开始的1910年—1914年起，直上升到1940年—1944年（其中1925年—1929年略有下降），然后又开始下降。在1955年—1959年间降到谷底，进入低温阶段（1955年—1959年和1970年—1974年是我国近百年中两个最冷的5年）。一直到1985年后才重又稳定上升。我国同时进入了明显的暖冬时期，并一直持续到现在。

但暖冬的原因，主要不可能是因人类活动排放的二氧化碳增加造成的温室效应，这在后面要说到。因为这种升温虽然十分稳定，但数量级太小，据世界气象组织权威数据，近百年来全球平均才上升0.3℃。其次，也不可能是城市热岛效应，因为高山、海岛、草原等人烟稀少的地方也有上述暖冬现象。因此，从冷冬年冷空气活动强于暖冬年出发分析，暖冬主要原因应该还是大气环流形势上的差异。近些年来，暖冬期中冬季大风日数、沙尘暴日数和平均风速均明显比冷冬期小，这就是冬季冷空气活动偏弱的证据。

十八、地球大气的温室效应和全球变暖

1992 年 6 月 1 日～ 14 日，世界各国元首、政府首脑云集巴西里约热内卢，在《联合国气候变化框架公约》（框架是指“比较原则”的意思）上签字。为什么气候变化这样一个普普通通的科学问题，会变得令世界如此关注呢？

原来，工业革命以来，人类大量燃烧化石燃料和砍伐森林，使全球大气中二氧化碳浓度在百年内上升了 25%。科学家们预测，如果到 2100 年，大气中二氧化碳浓度增加到工业革命前的两倍，全球平均气温将会上升 1.0℃～ 3.5℃，从而引起极冰融化，海平面上升 15 厘米～ 95 厘米，淹没大片经济发达的沿海地区。另外，温室效应还会引起中纬度干旱化，高纬度冻土地区沼泽化等一系列问题。事关重大，因此世界各国领导人才坐到一起，共同商讨削减二氧化碳气体的排放量的问题。

现今全球地面平均温度约为 15℃。可是如果没有大气，根据地面接收到的太阳辐射热量和地面向宇宙散发的辐射热量相平衡（地球温度保持不变），那么就可以算出，地球地面平均温度应为 -18℃。这 33℃大体就是因为地球有大气，像床被子一样，造成了温室效应。

地球向太空的辐射，由于地面温度较低，因而波长较长。这种长波辐射在经过地球大气时，不像太阳短波辐射进入地球大气时可以畅行无阻，而是会受到强烈的吸收。地球大气吸收地面长波辐射热量升温之后，也同时向宇宙和地面两个方向辐射波长更长的长波热量，其中向下到达地面的称为逆辐射，逆辐射会使地面保暖增温，这就是大气温室效应的原理。地球大气的这种温室效应功能，很像种植花卉的温室顶上的玻璃，因此才得名“温室效应”或“花房效应”。

大气中能够强烈吸收地面长波辐射，从而起温室效应的气体被称为温室气体，它们主要有二氧化碳、甲烷、臭氧、一氧化二氮、氟利昂以及水汽等。除水汽以外，其他温室气体在自然大气中含量都极少（氟利昂还是人类制造出来的），因此，人为释放的温室气体如不加以限制，便容易引起全球大气迅速变暖。

大气温室效应问题最早是由瑞典化学家于 1896 年提出来的。1938 年英国气象学家卡林达分析了 19 世纪末世界上不多的记录了大气中二氧化碳浓度的资料后，就指出当时大气中二氧化碳的浓度已比世纪初上升了 6%。同时，他还发现从 19 世纪末到 20 世纪中叶也存在全球变暖的趋势，因而在世界上引起很大的反响。

根据对南极和格陵兰冰盖中密封气泡的二氧化碳浓度测定，工业革命以前二氧化碳浓度一直是比较稳定的，大约是 280×10^{-6} 左右，到 2016 年已上升到 400×10^{-6}，全球平均气温也已相对比工业革命前上升了 1.1℃，是有史以来最热的一年。

如按现在二氧化碳浓度增加的速度，大约到 2100 年前后可达到 560×10^{-6}，即比工业革命前增加一倍。现在世界上计算大气中

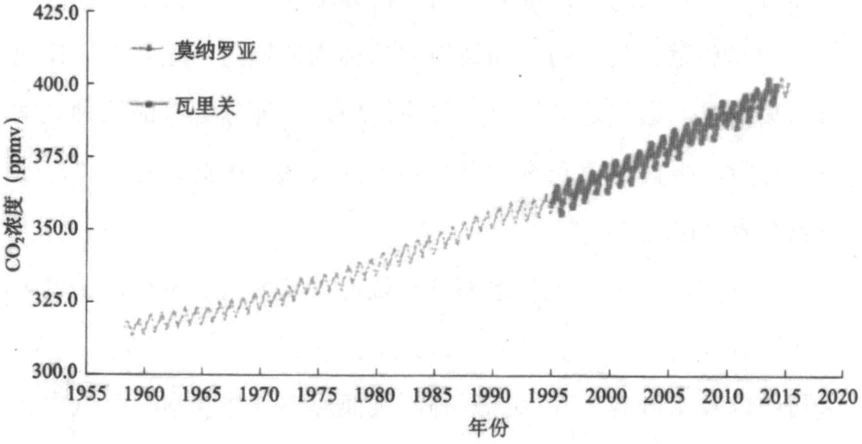

图 35　1958 年—2015 年全球大气中二氧化碳平均浓度逐年的变化

二氧化碳浓度倍增后地球气温上升的数值，主要是根据数值模式得出的。不过由于人类对大气物理和运动规律认识的局限，以及计算时采取的简化办法的不同，各个模式计算结果有较大的不同，上述 1.0℃～3.5℃是经综合评估后的数字。但模式计算结果却一致表明，温室效应的升温值并非均匀分布于世界各地，而是主要集中在高纬地区，数量可达 8℃，甚至更大。这样一来便会引起极冰融化（例如 2016 年北极海冰面积已迅速缩小到历史最小值 1015 万平方千米），再加上海水升温后体积发生膨胀，将使海平面相应上升 15 厘米～95 厘米（最可能值为 50 厘米）。1995 年 11 月在德国柏林召开的联合国气候会议上，44 个小岛国还组成了小岛国联盟，为他们的生存权而呼吁。

但是温室效应也并非全是坏事，因为最寒冷的高纬度增温最大，因而中纬农业区可以向高纬大幅度推进。二氧化碳浓度增加也有利于增加作物的光合作用强度，提高有机物产量。还有学者指出，在世界历史时期中，温暖期多是降水较少的干旱区退缩的繁荣时期。当然，也有一批学者持反对意见（其中许多受到石油集团资助），认为：目前气候模式在理论上还不完善，有许多的不确定性；过去百年中升高 0.3℃～ 0.6℃仍属于气候自然变动的幅度，不一定是大气温室效应所致；等等。

不过，尽管如此，大气中二氧化碳浓度和全球地面温度正稳定升高，以及温室气体增加会造成全球变暖的温室效应的物理学原理，这些都是不争的事实。我们如果等到问题发展到了人类可以明显感知的程度，而且不可逆转，那么就为时已晚。

关于全球变暖的对策，一般可以分为三个方面：一是减少目前大气中的二氧化碳。例如，进行大规模植树造林以吸收大气中的二氧化碳等。二是设法适应。除了建造海堤防止海水入侵等工程技术措施之外，可以有计划地逐步改变当地农作物的种类和品种，以适应逐步变化的气候。由于气候变化是一个相对缓慢的过程，因此一般总能找到办法并顺利实施。三是削减二氧化碳的排放量。这就是 1992 年巴西里约热内卢世界环境与发展大会上，各国首脑共同签字的《联合国气候变化框架公约》的主要目的。公约要求，到 2000 年发达国家应把二氧化碳排放量降回到 1990 年水平，并向发展中国家提供资金和转让技术，以帮助发展中国家减少二氧化碳的排放量。因为近百年来全球大气中二氧化碳浓度的大幅度升高绝大部分是发达国家排放的。发展中国家首先是要脱贫，要发展，发达国家有义务帮助他们。

但是，由于减排就是减少能源消费，就是减少 GDP，就是减少各国及其利益集团的利润。因此签订《联合国气候变化框架公约》后的 20 年中的历次世界气候大会里，发达国家和发展中国家之间

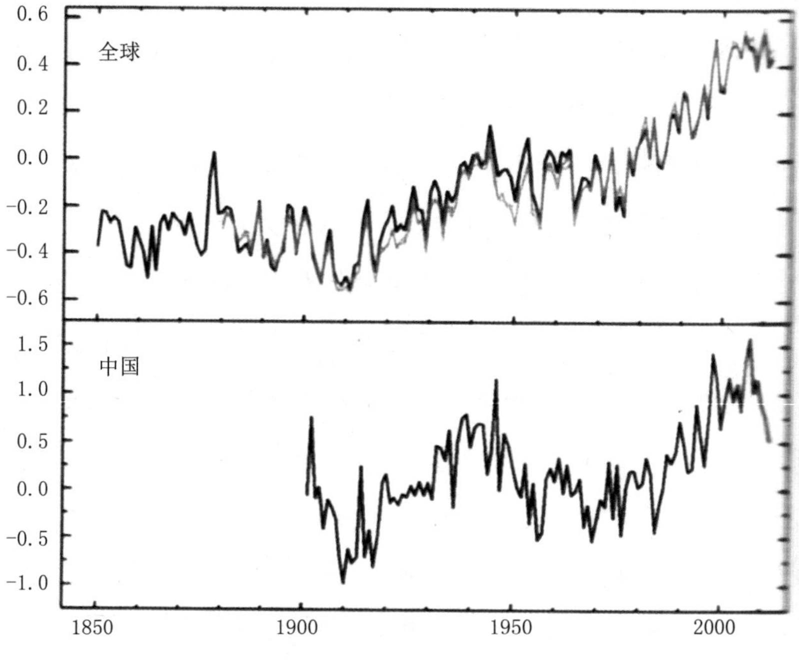

图 36　世界和中国年平均气温逐年变化(以 1960 年—1990 年平均为基准)

一直争论不休："谁该多减排"。事实证明，这种"自上而下"的谈判是不成功的。

事情出现了转机。由于科技发展，促进了经济能源转型的可能，例如烧煤清洁化，新能源开发等。以太阳能光伏发电为例，原来最早每千瓦时高达 5 美元，到现在已接近天然气和煤电价格；风电也大幅度降低。因此 2015 年国际能源署研究显示，2014 年全年二氧化碳排放量，由于许多国家努力减排，与 2013 年持平，而全球经济却增长了 3% 以上，即经济增长正在和碳排放脱钩，人们可以在不降低 GDP 的前提下减排温室气体。

因此，2016 年 4 月 22 日，全球 175 个《联合国气候变化框架公约》缔约方国家代表在纽约联合国总部签署，2015 年 12 月 12 日在巴黎气候大会上一致同意通过的《巴黎协定》。协定中各国承诺各自努力控制温室气体的排放，以确保从工业化之前到 2100 年全球平均气温升高不超过 2℃，并且朝着不超过 1.5℃的目标努力。

协议具体规定，各国将共同努力，尽早达到本国的温室气体排放量的最高点，不再增加，从而能在 2050 年—2100 年之间，实现全球人类活动排放与自然吸收之间的平衡。协议还规定，从 2020 年开始，发展中国家将得到每年 1000 亿美元的资金，以用于清洁能源技术的开发。因为对于他们，能源转型的实现，主要缺乏的就是资金。2016 年 11 月 4 日，《巴黎协定》已经正式生效。

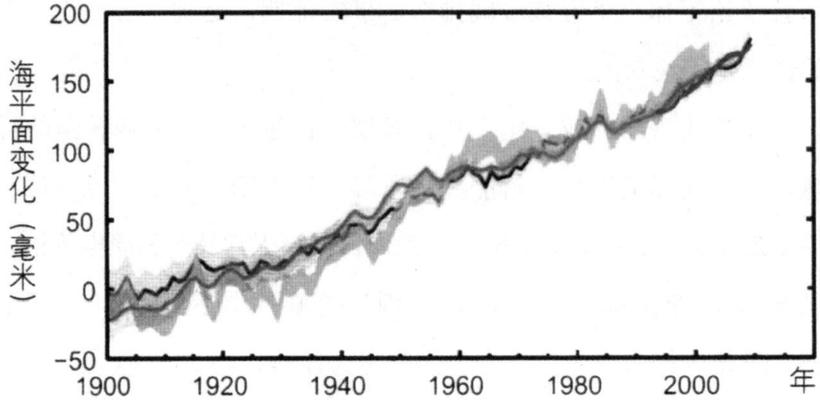

■ 图 37　全球海平面年平均高度逐年变化

由于《巴黎协定》是基于各国减排的“自主贡献”。因此这种被称为“自下而上”的谈判方式做出的协定自然更具约束力。会上 180 个缔约方国家和地区都已经提交了自己的计划，因此《巴黎协定》使全球治理全球变暖的前景更加光明，人称“第三个里程碑”。

曾任联合国秘书长的潘基文发表评价称，中国为《巴黎协定》的达成、气候变化巴黎大会的成功举办，做出了历史性的贡献，基础的贡献，关键的贡献。

十九、南单北棉、夏单冬棉，与早穿皮袄午穿纱

——气候影响生活之一：衣着文化

从现在开始，我们就要来联系实际，说说本书中的另一半内容：我们特殊的中国气候，特殊天气的脾气，对于我们日常的生活和我们的传统文化，有些什么样的影响。

那么，首先，我国有着什么样的特殊气候？

简单来说，就是“大陆性季风气候”：冬季中，风从西北方亚洲内陆，经过我国吹向东南方和南方海洋，称为冬季风。它给我们国家带来了严寒、干燥与少雨。夏季中，风从东南方太平洋、南海，西南方印度洋吹进大陆，称为夏季风。它给我们带来了高温、湿润和多雨。

所以我国主要气候特点便是：冬冷夏热、冬干夏雨。我国在世界同纬度温带地区中，气温、雨量、湿度、风向等的季节变化都是最大的。当然南方气候较北方要温和些，冬季不那么严寒，气候也比较湿润，只是雨量多罢了。

那么，这样特殊的气候对国人的生活和传统文化有些什么样的影响呢？

本书接下来将通过两个方面进行介绍。第一个方面叫“衣食住行”，即生活方面；第二个方面叫“春夏秋冬”，主要是文化方面。这些应该都是大家喜闻乐见的内容。

不过，我们国家面积很大，大陆就有近千万平方千米。冬季虽然都在西伯利亚冷空气控制之下，一直到南海南部，但是夏季却在两个不同的气候世界里：北方属西风带气候，受西来温带气旋的影响；南方是东风带气候，受副热带高压和台风等东来的热带天气系统影响。所以我国气候里，又可分为南方和北方两个显著不同的部分，在中央电视台每晚19时30分全国的天气预报节目里，全国也常常分为南北方两个地区来概括。南北方地区之间的自然分界线就是我国地学界公认的秦岭和淮河。下面我们就从南北之间的差异入手，来介绍我国气候对我国的生活和文化的影响。

在人们的衣食住行中，“衣”是排在第一位的。这并非偶然。因为人穿衣不仅仅是为了“蔽寒暑”、防虫防风雨、遮体避羞等，还具有装饰身体，美化生活，显示人的身份地位、民族信仰、礼仪等作用。因此我国古代服饰成为民族历史、文化的一个重要载体。这就不难理解，为什么我国许多少数民族生活条件很一般，但其民族服饰之精美，令人惊叹。例如杜甫就有“五溪（苗族）衣裳共云天”之句，盛赞苗族衣饰可与天上彩云相媲美。

衣能排在“衣食住行”之首，作者认为还有一个重要原因，就是我国冬季十分严寒，许多贫困古人多为缺衣御寒所苦：“朱门酒肉臭，路有冻死骨。”“寒”之影响深入到了中国文化和古人生活中的方方面面。例如，称“十年寒窗”的读书人为“寒士”，称自己出身低微为出身“寒门”，谦称自己的家为“寒舍”，甚至见面打招呼叫“寒暄”（暄是温暖）。“寒暄”一词，到现在都还有人在用。而且，古人不仅活着怕寒，连死后也“怕寒”，一些地区过去还有十月初一在坟头送棉衣（烧纸）的习俗，而且要求完全烧尽。

（一）北着皮棉南穿单，特殊气候特殊衣

我国之所以冬寒，是由于受北方西伯利亚（北半球寒极）频频南下冷空气影响，所以特别是在北方地区，冬季特别寒冷，需要特别保暖的衣着。

例如，生活在大兴安岭及其附近地区的鄂伦春等民族过去主要以游猎为生。那里是我国冬季中最冷的地方，极端气温可以降到 -50℃左右。他们的皮衣主要用又暖又轻的狍子皮。他们用完整的狍子头皮制的皮帽，因为形象逼真，在打猎中还有迷惑猎物的作用。狍子皮靴子的鞋底用狍子的脖子皮缝制，暖和轻便，走路没有声音，可以接近野兽而不易被发觉。

生活在东北三江平原的赫哲族人过去以渔猎为生，因此他们生活中也多穿他们独有的鱼皮衣。因为黑龙江地区江水冬寒夏凉，多产大鱼（如怀头鲇、哲罗鱼等），而且皮厚皮质好，晒干后经捶打变软，便成了轻便、保暖、耐磨而又不透水的鱼革。鱼皮套裤还是他们捕鱼的劳动服。蒙古族所居地区盛行蒙古袍。蒙古袍宽大的下摆既便于骑乘，又能在骑马放牧时起到防寒护膝护脚的作用。最保暖的蒙古袍常由双层皮缝制而成，一层毛皮朝里，一层

图 38　严寒天气中帽子、口罩上的霜雪

毛皮朝外。腰带可御冷风进入，再配上适合骑马需要的长筒皮靴，皮靴里套上毡袜，足可耐零下四五十摄氏度的严寒。

但是，到了海拔四五千米的青藏高原上，由于低纬高原的气候特点，冬季御寒的袍子是藏袍。

冬季藏袍用皮制，长袖、宽腰、肥大、超长。束腰带时，得先将袍向上拉起，直到下摆略低于膝盖，束带后放下袍子，于是腰部自然形成一个大囊袋，可装随身物品，妇女的囊袍甚至可装（背）进孩子。夜间将腰带解开，藏袍便成了睡袋。

藏袍十分适合穿于温度变化极大的天气里。低纬高原上阳光下热流满身，而雨雪冰雹一上来又气温骤降，所以天暖热时，常只穿左袖。再热时把左袖也脱下束在腰间，灵活方便。

但是，在我国华南及云南南部等热带地区，由于气候炎热，因此衣着终年轻而薄。典型例子是云南西双版纳的妇女筒裙。一块薄薄花布，首尾相连，三折两裹，最后在腰间别紧，连裤带都不用。所以“云南十八怪”中说，“大姑娘不用裤腰带”。

还有值得一提的是蓑衣，这是过去长江中下游地区的农民使用的雨具。那里四季都有农活，但几乎四季都多雨。穿蓑衣，即稻草或棕毛编的“雨衣”，就能在雨中腾出双手干农活。稻草虽也易被淋湿，但因草秆向下，能引导雨水向下，因而人们在一般小雨中仍能照样劳动。

据记载，在我国台湾省澎湖列岛，妇女的“头饰”很奇特。她们用两条毛巾蒙面，上一条下一条，只在眼部留一条缝，看上去有些恐怖。原来，主要是因为这里的台湾海峡大风多，脸部暴露会受到大风刮起的海水侵害。这和丹麦法诺岛北港妇女戴古怪面具的作用是一样的。

（二）冬着皮棉夏“赤膊”“早穿皮袄午穿纱”

热带恒热，寒带恒寒，四季衣着变化都不大。只有温带及其附近，四季变化较大。特别是我国，冬季由于西伯利亚冷空气频频南下，世界同纬最冷，夏季因陆地干燥易热，南方还有副热带高气压控制，又是世界同纬度上比较热的地方（高原除外）。所以，我国成为全世界同纬度上冬夏温差最大，而且也是人体感觉冬冷夏热的地方。例如长江中下游地区，冬季常有冰雪严寒，夏季又常闷热难耐。

可是人不能像动物那样冬眠，也不能像候鸟那样迁徙，应对四季变化主要是靠增减衣服来适应。所以，我国东部地区是世界同纬度上四季着装相差最大的地方。其中，东北是我国冬夏温差最大，因而也可以说是世界上冬夏衣着差最大的地方。（西伯利亚虽冬夏温差比东北还大，也是世界上冬夏温差最大的地方，但那里冬极寒而无夏热，着装变化反而小）

冬冷夏热的结果，就是春秋季中的气温变化十分急剧，使我国成为世界同纬度上春秋季最短和春秋季中增减衣服速度最快的国家，尤以北方最为显著。

■ 图 39　鄂伦春民族“冰雪那达慕”节开幕式

除了冬冷夏热的气温年变化外，夜冷昼热的气温日变化也会对着装产生重要影响。

在气象学里，称午后最高气温和清晨最低气温之差为气温日较差。我国年平均气温日较差，南方一般在6℃～8℃，北方气候干燥，在10℃～14℃。西北沙漠、高原盆地甚至有16℃～17℃。新疆吐鲁番盆地春秋季中早有“早穿皮袄午穿纱”的说法。

不过，我研究了吐鲁番市区（气象站所在地，海拔35米）气温日较差资料，认为还达不到真正“早穿皮袄午穿纱”的程度。

不过，我确信，我国真正可能“早穿皮袄午穿纱”的地方应该还是在吐鲁番盆地之中（河谷盆地地形是所有地形中气温日较差最大的地方）。吐鲁番盆地的最低处，即艾丁湖底，低于海平面154米，那里盆地地形增大气温日较差的作用能够达到最大。

2008年夏《中国国家地理》杂志社组织“极限探索”科学考察，我作为专家组成员建议到艾丁湖底（近些年来因农业用水，夏季湖底基本干涸）进行“热极探索”。我们还真找到了我国能“早穿皮袄午穿纱”的地方，那就是在盆底低于海平面150米的观测点上，8月2日和3日观测到了这两天的昼夜温差分别为24.6℃和23.3℃，平均约24.0℃。而根据气候规律，吐鲁番秋季昼夜温差平均比夏季还可大1.5℃～2℃，因此艾丁湖底秋季昼夜温差平均可高达26℃左右（个别日子还会大得多），在全国遥遥领先。这意味着艾丁湖底春秋季有相当多的日子里，午后最高气温可以高达 30℃以上，而清晨最低气温又可以低至 4℃左右。这样的日子岂不可以“早穿皮袄午穿纱”？那里日出后 4 个小时左右的时间里，据我推算，气温将会上升 16℃～ 18℃。所以如果那里将来有居民的话，真不知道他们那时该如何频繁地更换衣服呢。

二十、南稻北麦、南米北面、川湘爱辣

——气候影响生活之二：饮食文化

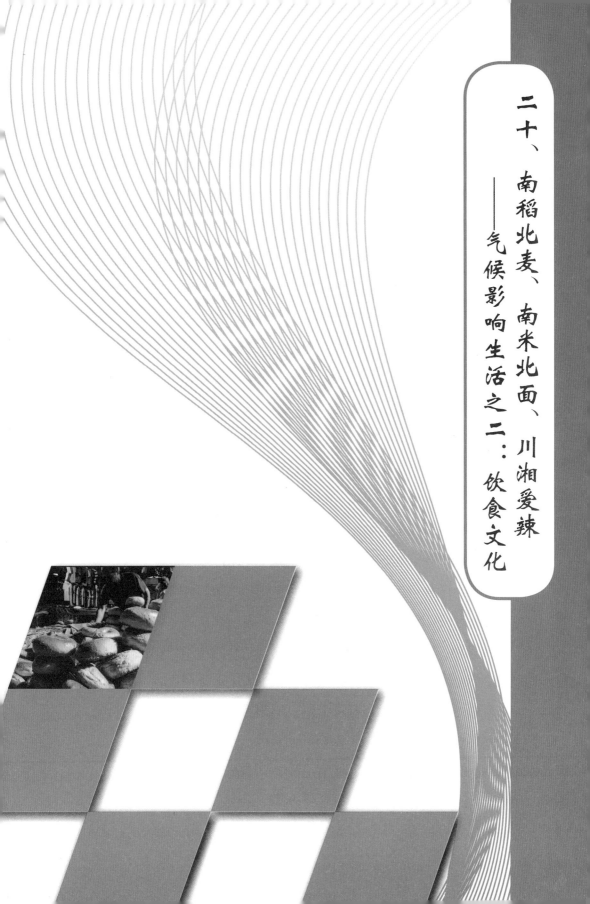

《汉书》中说，“民以食为天”，这是说饮食是人类生存的第一需要。《礼记》中又说，“饮食男女，人之大欲存焉”，既是大欲，我认为不是填饱肚子就算，而是“美食”才能满足大欲。所以，以前有学者（戏）说西方文化是男女文化，中国文化是饮食文化。

实际上我国至少从周代开始就讲究美食了。例如《周礼》中把主管饮食的官员列为诸官之首，地位最高；《尚书•洪范》讲周代“八政”（八件国家大事）中第一件就是“食”，因为“食者……人事之本也”（《尚书大传》）。

中国人过去见面打招呼时常问“吃饭了吗”，可见民间对饮食之重视。实际上，“吃”的用法已经广泛深入到了人们生活中的方方面面。例如，受了惊吓叫“吃惊”，费力叫“吃力”，受了损失叫“吃亏”，拜访别人被拒叫“吃闭门羹”，被人诉讼到法院叫“吃官司”，干什么工作叫“吃什么饭”，等等，真堪称中国特有的“吃”文化了。

再如，古代以“社稷”代称国家。“社”是土神，“稷”就是小米。因为在古代，我国政治经济和文化中心都在北方黄河中下游地区，主要农作物就是适应当地干旱、寒冷气候的小米。小米歉收，农民吃不饱，社会就会不安定。可见国家也是以“食”为“天”的。

俗话说，“一方水土养一方人”。“养”自然可以理解为“饮食营养”。因为 “一方水土”，特别是气候条件，既严格限制了动植物等食物的种类，又影响了人们的食欲、口味和爱好。而且，通过药食同源还诞生了我国特有的食疗和饮食养生。所以，中国的这方“水土”，自然会诞生特殊的中国饮食文化。

（一）气候主要决定了当地食物的种类

在我国，气候对人们主食影响最大的可算是“南稻北麦、南米北面”了。因为在秦岭—淮河以南的南方地区，春雨、梅雨雨量丰富，非常适合种植需水多的水稻，因此南方历史上一直以大米及其制品为主食，例如米饭、年糕、米线、粽子、汤圆等。而秦岭—淮河以北的北方地区，春多旱而秋末土壤墒情尚好，因而历史上一直种植需水较少、秋播夏初收割的冬小麦。人们主要也以面粉制品，如馒头、面条、饺子、烙饼、包子等为主食。这正如清人李渔在《闲情偶寄》中说的“南人饭米，北人饭面，常也”。实际上，中医认为，面食性热，大米性凉，因而也是适合北寒南暖气候，有利人体健康的。

而在内蒙古、西北和青藏高原地区，由于气候干旱，或夏天过凉，不能生长农作物。当地主要放牧一些吃草的家畜，因此这些地区养成了以肉、奶类为主食的饮食习俗。这也是生存的需要，因为肉类高脂肪、高蛋白、高热量，适合当地比较寒冷的气候。

当然，以肉为主食的饮食结构是不全面的。所以他们除了偶尔采集野菜、野果等以外，最主要用茶来解肉食的油腻和补充维生素。正所谓“下食者盐，而消食者，茶也”。甚至“一日无茶则滞，三日无茶则病”。这就是我国古代汉族农区和西北牧区少数民族间著名的“茶马贸易”的产生原因。唐代文成公主入藏带去了茶，高原周边“茶马互市”从宋代开始就十分红火。云南、川西还有著名的“茶马古道”。

其实，水果的地域分布比粮食还要严格。热带、南亚热带水果，包括椰子、芒果、菠萝、桂圆、荔枝、柚子、香蕉等最怕零度低温，因而只分布在华南和云南南部地区。柑橘、橙子和枇杷等亚热带

图 40　贵州盛产早春的明前云雾茶

水果能耐 -7℃以上轻寒，可以分布到秦岭—淮河以南和四川盆地等亚热带地区。秦岭—淮河以北的温带地区则盛产苹果、桃、李、杏、柿子等温带水果。

南北方蔬菜品种也有很大不同。北方过去没有温室，一冬都吃营养丰富的大白菜。但大白菜在南方却长不好。喜凉的北方土豆运到南方平原种植后也会很快退化。南北方经济作物也大不相同。以制糖原料为例，南方有喜温暖、湿润的亚热带甘蔗，北方则有喜温凉、长日照（夏季）的温带甜菜，即“南蔗北菜”。糖用甜菜获得的地区现在主要分布在北纬 40 度左右以北。但我国 20 世纪初才开始引进甜菜，北方居民习惯吃咸，故历史上素有“南甜北咸”之说。

中国人很多喜欢喝酒。有趣的是，酒精的含量也随纬度的增加而增加。据记载，华南多喝“东江米酒”类低度酒，不生产名优白酒；长江以南多喝中低度数的黄酒；过了长江，主要喝蒸馏白酒，北京二锅头酒精度数有 55 度，北大荒高粱酒 65 度，新疆伊犁特曲 70 度，已和医院消毒酒精差不多了。显然其中有适应气候冷暖方面的重要原因。

但即使南北方都能生长的作物，其品质也会有所不同。例如北方冬小麦的蛋白质含量高于南方，磨出的面粉耐嚼、口感好。再如北方大米，特别是东北大米口感也比南方优。另一个典型是新疆水果。新疆气候干旱，水果生长季节中日照多且强，热量丰富，昼夜温差大。研究指出，这些都是新疆水果糖分比东部地区高（平均高 20%）的主要原因。因此只要水果引出新疆种植，糖分立刻下降；相反，东部水果引进新疆，糖分则有大幅提高。

（二）冬冷夏热气候影响饮食习惯

据我的研究，我国是世界上人体感觉最为冬冷夏热的地方。这种气候对国人的饮食习惯有重大影响。

第一，冬冷夏热气候使冬夏食物的品种、数量有明显季节变化，因而需要调剂。

例如，北方冬季严寒，造成了过去冬季缺乏新鲜蔬菜，因此便产生了加工蔬菜存储到冬季食用的需要。加工办法主要有腌制、窖贮、晾晒、风干和冷冻等方法。下面以东北蔬菜为例。

东北是我国冬季中最严寒、田野中什么东西都不长的地方。因此一年之中有半年甚至更长的时间吃不到新鲜蔬菜，是我国最需要蔬菜季节调剂的地方。《奉天通志》中就记载了东北民间存储蔬菜的习俗，说当地民众“春暮煮豆磨酱，贮之以瓮，四时烹饪必不可少之物也。初夏园蔬成熟，如春菘（俗称小白菜）、芸豆、紫茄、黄瓜、葱、蒜、韭、土豆、倭瓜、豇豆之类，轮换煎食，可至初秋。及至秋末，将秋菘（秋白菜），渍之瓮中，名曰‘酸菜’；择其肥硕者，藏之窖中，名曰‘黄叶白’。又将黄瓜、芸豆、倭瓜之属细切成丝，曝之以干，束之成捆，名曰‘干菜’，以为御冬旨蓄，兼可食至来春。又以盐渍白菜、莱菔（萝卜）、黄瓜、豇豆、青椒等物于缸，曰‘咸菜’，为四时下饭必备之品”。有学者认为，正是因为北方人多吃用盐腌制的肉类、蔬菜等存储食物，因而久而久之形成了北方人重咸的饮食口味。

北京及其附近的华北地区，直到改革开放以前，这里冬季的当家菜仍是窖贮大白菜。不过，蔬菜贮存很讲技术。贮存温度高了会腐烂，不慎冰冻了会味同嚼蜡，室内存放的大白菜风干了也无法吃。居民一般挖1米～2米深的地窖，在5℃左右的温度贮存。

西北和青藏高原上游牧民族以肉、奶类为主食。鲜奶容易腐败变质，他们掌握了多种加工提炼的方法，因此鲜奶得以较长时间保存。以蒙古族奶制品为例，有奶油、奶皮子、奶酪、奶豆腐等。实际上，我国西北地区和青藏高原上，或因气候干旱，或因气温低，食物本是相对容易长期保存的。例如维吾尔族的馕（熟食）可以保存半月甚至一个月之久，成为出门的方便干粮。

图41　新疆的馕

第二，冬冷夏热气候使国人食欲、口味冬夏有很大不同。

冬季中，人体热量消耗很大，因此食欲好。人们多食高蛋白、高热量的动物性食物，特别是热性的羊肉、狗肉，吃法多用火锅。北方人用火锅涮羊肉，涮一下就能吃新鲜的肉；南方火锅主要起煮熟和保温作用。除了火锅外，云南的“过桥米线”和西安的“羊肉泡馍”也有保温层，即汤上都有一层厚厚的油。油蒸发慢，蒸发耗热便大大减少。

到了夏季，天气炎热，人们胃口大减。因此多爱好新鲜爽口、易消化的清淡食物，菜则肉少而蔬菜多，汤也比较清淡。人们还喜欢西瓜、绿豆汤等清凉去火佳品。所以，在我国全年都比较高温的华南地区，例如广东的粤菜，就有清、鲜、脆、嫩的特点。广州菜是粤菜的代表，因而素有“吃在广州”之说。

（三）特殊气候诞生了我国独特的食疗和饮食养生文化

我国唐代名医孙思邈在《千金方》中指出：“夫为医者，当须先洞晓病源，知其所犯，以食治之，食疗不愈，然后命药。”也就是说，医生弄清病因之后，首先应用食物治疗，不行再用药攻。实际上《黄帝内经》中早就记载了古代将医生分为“食医”“疾医”和“疡医”。而“食医”级别最高。因为食物并无副作用，而“是药三分毒”。

为什么食物也能治病？

原来，从中医角度，食物和药物一样，也有“四气”“五味”之分。“四气”即寒、凉、温、热，“五味”乃甘、酸、苦、辛、咸五种味道。中医认为，药食同源，药食同性，因而药食同效，所以食物也能治病。

例如，寒凉性的食物和寒凉性的药物一样，都具有清热、去火、解毒的作用，可以减轻或消除热症；而温热类食物则具有温阳、散寒作用，可以减轻或消除寒症。例如本文前面所说冬季吃羊肉、狗肉就是用来除去侵入人体之寒，而夏季吃西瓜、绿豆汤则是用来清除人体之热。一般来说，疾病初起或不太严重时，用食疗都可治好，或使之不发病。这也就是中医高明的“治未病”思想。

中医认为，人体是个小天地，和自然界有密切联系。中医通过“五行学说”，把人体五脏和自然界联系起来，其中和食物有关的有“五味”和“五色”。简单来说，古人认为，色青味酸的食（药）物属木，入肝的经脉系统，治与肝的经脉有关的疾病；色红味苦的食（药）物属火，入心的经脉系统，治与心的经脉有关的疾病；色黄味甘的食（药）物属土，入脾的经脉系统，治与脾胃有关的疾病；色白味辛的食（药）物属金，入肺的经脉系统，治与肺的经脉有关的疾病；色黑味咸的食（药）物属水，入肾的经脉系统，治与肾的经脉有关的疾病。中医治病就用这种理论指导用药和食疗，以治疗与不同脏腑有关的疾病。

所以在我国，特别是诞生中医的黄河中下游地区，冬冷夏热、冬干夏湿，“风寒暑湿燥火”等“六淫”种类齐全，且变化剧烈，因此在这里诞生世界独特的中医食疗文化，便是十分自然的事了。

（四）湖南、四川爱辣原因的气象学讨论

本小节最后一部分，说说有关“五味”之一的辛（辣）味，为什么我国川湘最爱吃辣。大家也许会感兴趣。当然，这只是我的“一家之言”。

早先我曾听说“湖南人不怕辣，贵州人辣不怕，四川人怕不辣”。也就是说，我国这三个最爱吃辣的省份中，四川人吃辣水平最高。

但是，2006 年见到湖南人戈忠恕先生写了一篇文章，叫《湖南人为何爱吃辣椒》，他把上述我国最爱吃辣的三个省份的排序正好倒了过来，变成了湖南人吃辣水平最高，即“湖南人怕不辣”。文章引用了 1999 年的统计，湖南省人均吃辣椒多达 10 千克 / 年。他还列举了湖南的许多“辣事”和“辣文化”，包括毛泽东主席对斯诺谈的“辣椒与革命”问题（另据我所知，20 世纪 60 年代毛泽东主席和秘鲁哲学家门德斯共进晚餐时也谈过这些问题，不过他说的是，“四川人不怕辣，江西人辣不怕，湖南人怕不辣”，他说这三个省正是中国革命领袖出生最多的地方）。

图 42　湖南红辣椒加工

为什么湖南人最爱吃辣？该文中没有讨论，只是说，湖南是个高湿区，而辣椒性热，能去风抗湿，发汗健胃。所以，冬季吃辣椒可以驱寒，夏季吃辣椒可以促使人体排汗，在闷热的环境中增添凉爽舒适感。我不知道我国这几省吃辣水平究竟应该如何排名，但我从气候条件角度分析，确是有利于“湖南人最爱吃辣”结论的，因此我曾把该文收进了我主编的《气象新事》（科普出版社，2009 年版）之中，介绍给读者。

在该文后的主编批注中，我讨论了他没有讨论的问题。我认为，湖南人最爱吃辣的主要原因，可能还是这三省中以湖南最为冬冷夏热。因为，这三省年平均相对湿度差不多，长沙 80% 还没有成都 82% 高。但是三城市冬冷夏热程度却有明显不同，以多年 1 月、7 月平均气温为例，长沙、成都、贵阳分别为：4.7℃，29.3℃；5.5℃，25.6℃；4.9℃，24.4℃。显然长沙要比成都、贵阳都冬更冷、夏更热得多。在气候潮湿程度基本相同的情况下，冬越冷越需要吃辣驱寒，夏越热越需要吃辣出汗排湿。是不是这个道理呢？

但是，后来我很快发现，这样讨论也有问题，因为它只是高湿度的南方三省之间的比较。可是放眼全国，会有新的问题。例如，如果吃辣只是为了抗寒的话，即东北是我国冬季最冷的地方，应该是全国最能吃辣的地方，实际上正好相反，东北反而是最不能吃辣的地方。例如 2007 年国家质检总局曾委托湖南有关单位制定《辣度国家标准》。在此标准（草案）中，如果说 60 度为“辣得开不了口”，那江浙沪一带大体耐辣程度为25度，而东北人耐辣程度甚至仅为10度左右。

但是，如果川、黔、湘冬季吃辣主要是为抗湿的话，那么何以证明这里的“湿”比东北重得多呢？

在气象学里，空气湿度指标除了相对湿度（表示空气的相对的干湿程度。干空气中的相对湿度为0，饱和的湿空气，如云雾中为100%）外，还有个指标叫绝对湿度，表示大气中含水汽的重量，单位为“克／立方米”。所以，东北哈尔滨、长春、沈阳三地1月平均相对湿度（70%），虽比长沙、贵阳、成都三地平均相对湿度（80%）低得不算很多，但是空气中的实际水汽含量却低得很多，因为严寒空气中的水汽含量极少。例如哈尔滨、长春、沈阳的1月平均绝对湿度仅1.1克／立方米～1.7克／立方米，而成都、贵阳、长沙则高达6.9克／立方米～7.2克／立方米之多。

我曾去过一些高山气象站，例如山西五台山顶，海拔2896米。那里夏季都要生火炉、盖棉被，因为那里7月平均气温只有9.5℃。但是那里相对湿度84%，因此7月平均绝对湿度高达10.0克／立方米！所以那里气象员虽然都是当地人，但几乎都吃辣椒。据我两次访问，他们自己也说主要是“抗风湿”，吃辣肯定不仅是为了驱寒。世界上墨西哥等国家确有用贴敷辣椒膏治风湿病、关节炎疼痛有较好疗效的许多报道。

实际上，中医认为，“风湿”“类风湿”属痹症，乃风、寒、湿三邪共同引起，没有湿只能引起寒症。而在冬季低温情况下，我认为湿邪对人体痹症影响以绝对湿度（水汽绝对含量）更加重要。因为在低温（冬季）情况下，相对湿度即使变化很大，绝对湿度变化仍很小。实际上此时痹病病情也主要决定于绝对湿度。

当然，用绝对湿度解释川黔湘爱辣也会有别的问题。例如，为什么冬季（甚至全年）中气温和绝对湿度，甚至相对湿度都和川湘相近的江浙沪地区，却不喜欢吃辣而喜甜呢？

实际上，读者都明白，影响人口味爱好的因素很多很复杂，不仅有自然界方面的物质因素，也有社会人文方面的非物质因素。气象条件只是自然界因素中一个比较重要的因素而已。

二十一、南床北炕、南敞北闭，春捂和阴暑

——气候影响生活之三：居住文化

在古代，老百姓最企盼的一件事，就是“安居乐业”。有了安居，才能乐业；有了乐业，生活才能稳定有靠。民谚“成家立业”也是“成家”在“立业”之先。所以民谚又说，“民以食为天，人以居为地”。总之，“居”是人的安身立命之所。

其实，安居并不简单，并非有居都能安。因为我们国家气候多种多样，不适应当地气候的“居”便“安不好”，甚至“安不了”。到了现代，虽然已经能够人工控制室内温湿度，但气候对建筑设计和室内小气候的影响，仍十分重要。

所以说，“一方水土养一方人”，一方水土诞生一方居住文化。中国建筑、西方建筑和伊斯兰建筑，又被称为是世界上三大建筑体系。

图 43　过去的树屋

（一）从口袋房到竹楼——南暖北寒气候对民居的影响

多样的气候条件，多样的建筑材料，多样的民族传统文化，决定了我国丰富多样的民居建筑形式。

东北口袋房是我国东北满族最常见的传统民居，适应我国最严寒的气候。一般并列三间，但只有中间（堂屋）向外开门，与室外相通。两侧为卧室。为了提高取暖效果，房屋一般比较矮小密闭，过去甚至还有室内地面低于室外的设计，以利用地温保暖。

1995 年 11 月，我作为科学顾问随中央电视台《正大综艺》和中国气象局联合摄制组到号称“北极村”的黑龙江漠河拍摄气象专集。冯村长家就是比较高级的典型口袋式民居，几乎全木结构（因此又称木刻楞房），号称百年不坏。居家主要用堂屋中两侧的火灶取暖，火灶的灶膛与堂屋两侧的火墙和两侧卧室中的火炕相连。平时做饭、烧水、熬猪食，同时也就是在烧火墙和烧炕取暖。火墙和炕道都是用砖砌成的空心体。为减少门窗的热量损失，门窗被做成双层的（外窗上还要蒙上透明塑料膜保暖）。双层门窗间相隔约 1 米之多，所以两层窗户间的窗台上放了多盆绢花。进门后要先关外门，再开内门。一旦让冷空气直入，室内立刻会生起半屋子云雾来。房子的外墙用横排粗方木，外糊泥土，隔热性能良好。屋顶则主要靠约 40 厘米厚（压实后）的木屑保暖。

至于为什么叫口袋房，我没有查到出处。但我想，可能无非一是形容其小，小如口袋；二是像衣服一样，左一个口袋，右一个口袋。不过，1963年—1966年“四清”运动中，我在辽宁省农村看到那里比较贫困的农户，“两个口袋”都简化成了“一个口袋”。为了提高取暖效果，房屋也更加矮小紧凑。

但到了南方，冬季比较温暖，气候又多雨潮湿，不能也无须像北方用炕睡觉兼取暖，而是以床代炕。这就是俗语“南床北炕”产生的原因。

（二）能移动的房屋——蒙古包和牦牛帐篷

我国东北大兴安岭以西的内蒙古、新疆、青海等西北干旱地区，地面上只能生长草类，当地人多以游牧为生。为了适应游牧生活，发展起了易于拆装和搬运的帐篷式民居。其中以蒙古包最为典型。

蒙古包是一个圆锥形的毡房，比较高大，上部呈圆锥形，下部呈圆柱形。这种形状可以大大减小冬春季大风的压力，使蒙古包较为稳定。圆锥形顶冬季可以减少顶上的积雪，夏季可加速雨水下流的速度。在夏季中尚有较大降水的地区，蒙古包周围还要挖一道小沟，以避外水进入。包顶有可开合的圆孔，以排包内取暖和做饭的烟气。

到了冬冷夏凉的青藏高原上，藏族牧民居住的幕帐叫“牦牛帐篷”。帐篷用黑色牦牛毛毡缝成。牦牛帐篷装拆更加简单，内部只用一根横梁，由两根立柱支撑。只要把帐篷布铺开，四角的牦牛绳系上地面木桩，穿入横梁，支起立柱，一个高可及颈的牦牛帐篷就建成了。冬季中帐篷周围常用草皮或冻牛粪垒成矮垣，以阻寒风。

我国另一类可移动房屋是水上船居。沿海和内陆湖泊中都有。例如山东微山湖上的“坐家船”。白天湖中打鱼，晚上停靠一起组成水上村落。甚至还有“校船”（水上学校）、百货船、医疗船为他们服务。

建在地下的房屋——窑洞。在我国北方大约三四十万平方千米的黄土高原上，有着我国最有特色的一种民居——窑洞。由于黄土高原不仅面积广大，而且黄土十分深厚，因此我国目前居住在窑洞中的人数达 4000 万人以上，是世界上最多的。

我国黄土高原窑洞多数是临山、依沟、沿河而挖的崖窑。但在缺少这类地形的黄土塬地区，多挖下沉式窑洞。即先从地面向下挖，挖成方形地坑（天井），然后再向四壁开挖的窑洞院落。所以这类窑洞远处是看不见的。乍到这样的村落，你一定会感到惊讶。正是“进村不见村，树冠露三分”“平地起炊烟，忽闻鸡犬声”“院落地下藏，窑洞土中生”。

参观这种窑洞的人常常担心雨季中它会不会成为“水坑”。其实不会。因为黄土高原雨量本不太多，土壤又比较干燥。院内还有砖砌的渗井，一般十几米深，水一进去，很快就被吸干了。下沉式窑洞的顶部和入口处一般都造得稍微高些，以避外水。

图 44　陕北下沉式窑洞

窑洞之所以冬暖夏凉，是因为土壤是热的不良导体。所以随着入地深度的增加，温度的昼夜和季节变化幅度便剧减。以北京为例，北京 1 月和 7 月平均气温温差约 30℃（1月约 -4℃，7月约 26℃），但到了地下三四米深，便是四季如春了（13℃～ 14℃）。例如山西省平陆县侯王村一位下沉式窑洞（地面下 10 米～ 11 米深）主人介绍，室内一年四季气温始终在 10℃～ 22℃之间。盛夏三伏在洞内睡觉要盖棉被，数九隆冬仍然暖气融融。因此久居窑洞的老人常常不愿意离开，主要是夏天外面地面上热得睡不着觉。

（三）热带民居——傣族竹楼

如果说，北方和青藏高原民居要解决的主要矛盾是冬季防寒保暖的话，那么到了我国南方，特别是华南和西南热带地区，民居要解决的主要矛盾就是长夏中的通风散热了。傣族竹楼就是一个典型。

《云南志略》中说，傣族地区“风土下湿上热，多起竹楼”。意思是这里地面十分潮湿，地面上热气蒸腾，为了避免湿热，所以才建竹楼。因为竹楼一般有两层，上层住人，下层敞空（或拴家畜，放杂物），因而“云南十八怪”中才有“房屋空中盖”之说。

竹楼除了房顶用草之外，其他部分主要是用竹木建造的（最近已有全木和砖结构的），20 世纪 80 年代我曾去过西双版纳首府景洪市郊的傣族竹楼。那里的墙壁和地板都用长竹劈成的竹条编成，白天，有阳光入室，夜间通过缝隙可见星星，人走在地板上弹性很强。更重要的是，空气通过缝隙流动，这就解决了热带房屋的主要问题，即通风散热和干爽问题。

实际上，我国西南高温多雨地区许多其他民族的民居，例如壮族、布朗族、苗族、侗族和湘西土家族的吊脚楼等大体也类似傣族的竹楼，大同小异而已。这种“楼”通常被称为干栏式建筑，世界上许多热带地区，如南太平洋岛屿上都有。

（四）南通风、北密闭——冬冷夏热气候对民居的影响

我国冬冷而夏热，例如北方地区全年最热的7月和最冷的1月，平均气温可相差30℃以上，漠河甚至近50℃。一般的房屋又不像衣服可加可减，那么当地居民是怎样解决这个问题，使居住得以舒适的呢？

在古代民居中，解决得最好的是黄土窑洞。因为厚厚的黄土层是热的不良导体，它本身能把窑洞中的气温“调节”得冬暖夏凉，甚至四季如春。

矛盾解决得次好的是帐篷类房屋，例如蒙古包。它像人穿衣服可以加减一样，冬季中可以多围盖两层毛毡，而夏季中只围盖一层，甚至用帆布。天气特别炎热时，还可掀起围盖物的底部，这样可以使八面凉风入包。藏族的牦牛帐篷，东北鄂伦春、鄂温克族过去的“仙人柱”大体也可类似使用。“仙人柱”是用20根左右的长木柱搭成的60°角的圆锥形房屋，夏天用桦树皮覆盖，冬天用狍子皮覆盖。

但是，东部地区的固定房屋，就不能用这个办法。其中矛盾最尖锐的，要算长江中下游地区。因为这里是我国人体感觉上最为冬冷夏热的地方。由于要解决炎热长夏这个主要矛盾，因此房屋必须造得高大通风。但是冬季中这里也常常有零下低温，霜雪严寒，而且加上空气潮湿，使人骨子里都感到阴冷。这个矛盾过

去便只有依靠增加衣服和局部取暖解决。作者是江南苏州太仓市人，记得小时候，即使居家、出门，都要“全副武装”，厚厚棉衣十分臃肿不便。脚冷了，烤脚炉取暖；手冷了，烤手炉取暖。因为如果整体取暖会因房屋高大通风而效果极差。

不过，在江南地区，即使房屋高大宽敞，在特热的季节，夜间室内仍常常热得无法入睡。尤其是大城市，还有“热岛效应”为虎作伥。例如，江南“三大火炉”之一的武汉市，历史上便有这样一幕：夜幕刚刚拉开，便有人从家里把轻便竹床搬到马路边的行人道上占位纳凉，汉口市老街甚至形成绵延几千米的“竹床阵”，十分壮观。

（五）“春捂”和“阴暑”——房屋热惰性对人体健康的影响

既然民居常常不能完全解决居住的舒适要求，自然多多少少就会影响人体健康，最明显直接的，如冬季的寒病（手脚冻疮、受寒感冒、老支气管炎、关节痛）和夏季的热病（疰夏、中暑）。因此，我国应也是世界上人体因气候条件致病最鲜明的国家。

令人想象不到的是，冬冷夏热不仅当季致病，而且通过房屋的热惰性还能使疾病后延到下一个季节发病。

春季中，由于大自然迅速升温而室内却仍凉，室内外温差经常可达 5℃～10℃之多。尤其是从室外热流满身的阳光下，走进阴冷的室内，老弱病人很易受凉得病。所以入室后最好马上添件衣服。同样，久居室内的老人也不宜因室外升温迅速而大量减衣。这两种情况都可以看成是“春捂”。

夏季也有此问题。古代深宅大院中由于房屋热惰性加上地面这个强力“冷气片”，使室内十分阴凉，可是室外正热得流汗。因此如果从室外进入室内，同样也易受凉致病。这种病古代称为“阴暑”，即夏季中因受凉致病，症状是“头痛恶寒，身形拘急，肢体疼痛而烦心”。

到了秋冬，情况正好反过来，室内暖而室外寒。特别是北方冬季，室内都生火取暖，因此入室后首先就要脱掉大衣。否则，多汗就会伤津、伤阳，影响身体健康。因为冬季是身体“闭藏”的季节，不宜多汗外泄。

改革开放以后，人民迅速富裕，城市中“冬暖气、夏空调”几乎已经普及。但其实客观上这是在加剧居室热惰性的致病强度。而且因为从室外到室内，甚至几乎“一步之遥”，老弱病人实难承受如此剧烈温差。因此如果室内温度调得过高（冬季）或过低（夏季），便是与中医“顺四时而适寒暑”的养生原则背道而驰，因而“如是则辟邪不至，长生久视，灾害不生”（《黄帝内经》），便是不可能的事了。

（六）北泥草、南砖瓦——降雨对我国古代民居的影响

以上都是气温对古代民居的影响，其实降水对民居影响也不小。但影响主要表现在房屋的建筑材料上。

我曾在二十世纪六七十年代多次从陕西关中地区向南经秦岭进入陕南地区，发现秦岭两侧的农村房屋差异是很明显的。关中地区以土墙草顶房屋居多，陕南则以砖墙瓦顶房屋占大多数，即使许多房屋还是土墙，但墙的下部仍是用砖或石块砌的。北方民居即使少数也有瓦顶，但多只有仰瓦而无复瓦。其实，这种情况在东部地区也有，其分界线大体在淮河，只不过没有秦岭两侧变化那么迅速、鲜明罢了。秦岭—淮河一线，就是我国习惯上的南北方分界线。线南雨季长、雨量多，砖瓦房较适应这种多雨潮湿气候，线北雨季短、雨量少，草顶土墙足以适应这种气候，造价也便宜。

江南地区的房顶，不仅用双层瓦（仰瓦加复瓦），而且屋顶呈人字形两面坡，以利雨水下流。其中特别多雨地区，还常常把屋檐伸出较长，并把屋顶横截面从直线变为曲线，即从顶到沿，先陡后缓，最后略略翘起，可使屋面雨水射出更远，即所谓“吐水疾而溜远”。或者在屋檐下装雨槽集中导水，或者加高房基，以防屋檐水对墙基的侵蚀。

江南民居由于密集且多楼房，所以多有天井。天井因三面或

四面都有楼房，阳光入射较少，夏季比较阴凉，且有利于居室通风散热。各屋顶齐向天井排雨水，称之为“四水归堂”，取“财不外流”之意。民居外墙上耸起的马头山墙（封火墙），高出屋顶，有防止发生大火时火势蔓延的作用。

（七）人虽居室，心向自然——盆景和“平面取景”

人类本是大自然发展到一定阶段的产物。在遥远的古代，人们穴居而野处，并无居室。但当人类社会发展到聚居城市以后，便逐渐离开了大自然。因此，在城市中或城市边缘营造园林，即所谓“居城市而有山林之趣”，在古代很早就开始了。

但是，营造园林非一般人经济所能及，而且人虽入园，但身仍居室。因此大致从唐代开始出现室内盆景，把自然山水和树木花草“浓缩”进了室内，甚至可以不受自然气候局限（例如冬季北方室内仍可有春景）。此外，许多诗人还注意“借景”欣赏。他们通过窗户也能把自然美景搬进室内，“平面取景”同样很富诗意。例如，“窗含西岭千秋雪，门泊东吴万里船”“山月临窗近，天河入户低”“画栋朝飞南浦云，珠帘暮卷西山雨”等等。我们这里只说明一下杜甫《绝句四首》中的“窗含”句。

原来，从杜甫草堂的西窗中，可以看到成都以西 95 千米，翠绿的西岭（山顶海拔 5364 米）顶部终年积着皑皑白雪。在蓝色天空衬托下那是一幅多么诗意的图画，令人陶醉！

二十二、南船北马、风雨桥和『接风洗尘』

——气候影响生活之四：交通文化

通、贸易往来和人际交流的需要，交通运输及其文化习俗随之应运而生。有学者说，人们常常认为，一部中国建筑史、园林史，就是一部中华文化史。其实，一部交通史，何尝不是另一部中华文化史。

因为，俗话说，“十里不同风，百里不同俗”。君不见，北人骑马，南人乘船；马帮穿行在云、贵、川的崇山峻岭之中，骆驼队跋涉在西北地区的干旱沙漠，牦牛队漫行在青藏高原之上；黄河上漂着羊皮筏，乌苏里江上行驶着桦皮船……可见，特定的地理环境自然诞生了完全不同的交通民俗及其文化史。

（一）“南船北马”，陆也多“舟”——气候对交通的主要影响

在古代，可以说民间交通几乎完全决定于当地自然环境和气候条件。“南船北马”就是一个最典型的例子。

我国南方地区由于雨量多（年雨量 1200 毫米左右以上），雨季长，因而平原地区河网纵横、湖泊密布，水上交通极为便利，而且船还能载重。作者家乡在有东方威尼斯之称的苏州地区，几乎家家都靠河而居，家家都有一个“水桥”（简易码头）。而我国北方年雨量少（800 毫米左右以下），雨季短，因而河流稀少，“四野皆是路，放蹄尽通行”，交通自然以陆地上的马和车为主。

图 45　江南小镇人家逐水而居，主要交通工具是船

这就是民谚“南船北马”“北车南楫”产生的主要原因。

而且，从宋代开始，我国将指南针应用到船上，水运交通发展到远洋。明成祖朱棣甚至派郑和在 1405 年—1433 年间七下西洋，到达了 37 个国家，足迹遍及南至爪哇、西至非洲东岸和阿拉伯半岛等广大地区。郑和船队规模极其庞大，仅大海船就有 60 余艘（最大的长约 145 米，宽约 60 米，可载千人），总人数可达 2.7 万人。正如郑和自己所说，“……观夫海洋，洪涛接天，巨浪如山……而我之云帆高张，昼夜星驰，涉彼狂澜，若履街衢”（福建长乐《天妃应灵之记》碑）。

可见，郑和船队航行的动力主要是靠“云帆高张”。因为古代远洋航海必须依靠风力。郑和船队从江苏浏河港出发，经东海、南海、印度洋到北非东海岸，他整个航行的区域正好是地球上唯一的显著季风区，即东亚的西北太平洋季风区，和南亚、东非的北印度洋季风区。这片广大海区里冬半年吹东北季风，夏半年吹西南季风。因此郑和七次下西洋中，除了第一次大概缺乏经验外，其他六次基本上都是10月出发，7月或8月返回（每次平均2年时间）的。

不过，即使北方，古代交通工具和方式，各地也因自然条件而有很大不同。例如，东北地区冬季严寒，冰滑雪深，人畜行走困难，因而很早发展起了“爬犁”等交通工具。爬犁类似雪橇，形状有些像船，但底下是两根圆木或方木。上面再安装架子并铺木板，板上即可载人载物。爬犁最早用狗、驯鹿拉，后来发展到用马或牛拉。由于任何东西在冰雪上摩擦力都很小，因而被称“行走如飞”“一日可行二百余里”。

爬犁现在还成了旅游资源。哈尔滨的冰雪节上，人们争坐松花江上的爬犁领略“冰城风光”。当然，现代爬犁已有很大改进，除材料改为钢铁外，还装有靠椅和皮暖棚防寒风，并设方向盘以便操控。装上风帆的爬犁速度自然又高出一筹了。

在内蒙古草原上，古代的主要交通工具叫“勒勒车”。这种车又叫“高车”，因为车轮高，直径有1.5米～1.6米，非常适应当地自然条件。它可以拉水、拉燃料，搬运蒙古包，婚丧嫁娶也都离不开“勒勒车”。因为过去草原上夏季牧草繁盛，但又多沼泽，冬季积雪又很厚，“勒勒车”由于车轮高，很适应在这种崎岖泥草地和积雪中行走。因此现在仍是当地放牧运输的主力。

如果说爬犁是“冰雪之舟”，“勒勒车”是“草原之舟”，那么西北干旱沙漠地区的“沙漠之舟”便非骆驼莫属了。

据记载，骆驼不仅胃中储水，而且驼峰中储藏的脂肪在消耗氧化过程中还可以产生三四十升水。因而骆驼能十几甚至二十天不喝水而照常活动。行走时它的脚掌在前方叉开，接触面增大，使它能在松软沙子上行走而不至于深陷其中；其两眼的长睫毛和布满短毛的耳朵以及可以随意开闭的鼻孔，能使它免于风沙袭击；它强健的体格、细长的四肢和灵活的大腿，甚至使它能在沙漠中快速行走。而且骆驼嗅觉灵敏，善于在沙漠中找到水源和绿洲。可见，“沙漠之舟”确非浪得虚名。

图 46　内蒙古克什克腾草原骆驼节

但是，到了四五千米的青藏高原上，“沙漠之舟”骆驼又不灵了，因为它不耐稀薄的大气。这时就需要“高原之舟”——牦牛。

牦牛不仅有很强的耐高原缺氧能力，而且能耐寒耐饥，能在冰雪高原上驮运 100 千克左右的重物连续十几天甚至一个月而毫不倦怠。它是藏族牧民唯一的可靠运输工具。它的肉、奶和皮毛都是藏民喜爱的东西。它的腹毛很长，夜间严寒时，主人甚至可以依偎在它毛茸茸的腹下取暖过夜。

骆驼和牦牛这两种交通工具，看起来和气候没有直接关系，但却是气候决定动物分布的结果。

不过，虽说“南船北马”，其实我国“北也有船，南本有马”。因为北方也有河，有河当然也就会有船。例如黑龙江赫哲等民族地区著名的水上交通和渔猎作业工具——桦皮船。这种船因用桦树皮涂油做船壳而得名。它轻便灵活，陆行时可载在马上，甚至扛在肩上，在水中行驶时水声很小，使人们便于接近猎物。

不过，北方船的使用很受气候影响。因为北方雨季短，河流流量季节性变化很大，有些地区甚至在非雨季不能行船。东北在长长的冬季中由于河流冻结，水上交通又被冰上交通代替。

我国西北、内蒙古和西藏等山区，雨季中河水湍急，水中又常有礁石，常常有水也无法行船，当地常用皮筏做运载工具。古代用单个牛羊皮制成的皮囊，充气后作为泅渡工具叫“浑脱”。因为水流急，渡河也很快。例如明代诗人李开先在《塞上曲》中道：

“不用轻帆并短棹，浑脱飞渡只须臾！”把牛羊皮囊捆在木框架下，连成一体，便组成皮筏。大型牛皮筏由100多个皮囊组成，可载20吨；多个皮筏组成组合式皮筏最大载重可达60吨。由于皮筏吃水浅，安全性好，制作简单，运输成本低，许多地方现在还在使用。

但有趣的是，西藏居然也有船。这种外壳用牦牛皮制成的船，浸水后又韧又滑，即使撞上礁石，也奈何它不得。它非常适宜在水流湍急、礁石密布的雅鲁藏布江上行驶。

（二）古代交通运输的高速路——风雨无阻的古驿道

实际上，“南本有马”中的马，不是指过去西南山区沟通边境贸易的“马帮”，而是指官方为了发送公文、传递紧急军事情报以及迎送官员等建立起来的古驿路系统。历代驿路系统多归兵部（下设驾部郎中）管辖，宋代还曾归为军队编制。例如《大唐六典》载，最盛时全国有水驿（用船代马）260个，陆驿1297个，全国驿夫2.5万人以上。公元755年安禄山在河北范阳起兵造反，3000里外的陕西华清宫中的唐玄宗6天后就得知消息。宋代把陆驿分为“金”“青”“红”三等，最快的“金牌”要求铺铺换马，数铺换人。快马风雨无阻，日行500里，撞死人白撞。所以沈括在《梦溪笔谈》中形容驿马“过如飞电，望之者无不避路”。历史上著名的宋高宗用12道金牌，从抗金前线十万火急召回岳飞并将其杀害，用的就是这种驿道金牌。

当然，历代统治者也不会忘记利用驿路为他们办私事。例如唐代安史之乱头目之一史思明就利用洛阳邮驿快马，把鲜樱桃送给他在河北的儿子史朝义；杨贵妃私用明驼使（沙区用快骆驼代马，也要求日行 500 里），把交趾（越南）上贡的龙脑香送给安禄山；再如唐宪宗时皇室喜欢吃明州（今浙江宁波）的蚶子，每年都动用万人把鲜蚶及时运到长安。

这种劳民伤财、天怒人怨的事，最高潮当是唐代"一骑红尘妃子笑"的故事。这说的是杨贵妃要吃南亚热带才生产的鲜荔枝，唐玄宗每年都要通过驿道从几千里外的四川涪州给她送来。因荔枝易烂，只得日夜兼程，途中要累死许多人马。杜甫有首诗中说："忆昔南海使（汉代宫中鲜荔枝自广东运来），奔腾献荔支。百马死山谷，到今耆旧悲。"他那是借古（汉）讽今（唐）。但杜牧则揭露的就是当朝了。杜牧的《过华清宫绝句三首》中说："长安回望绣成堆，山顶千门次第开。一骑红尘妃子笑，无人知是荔枝来。"意思是说，只见驿马风尘滚滚，驿卒亡命奔驰，山顶宫门次第迅速打开迎接。不知情者以为是有紧急军情奏报，实际上不过是杨贵妃要吃鲜荔枝！

（三）“风雨桥”“骑楼”和“复廊”——南方避雨遮阳的特殊交通建筑物

说到交通，不能不说到桥。我国南方有一种特殊类型的桥叫“风雨桥”。意思是除了用于过河以外，人们还可以在这里躲避风雨，歇脚纳凉，迎送亲友。风雨桥多见于我国南方（据不完全统计，全国约330座），尤以贵州、湖南和广西等地的侗寨最多见。其中最有名的是广西三江侗族自治县程阳村的程阳桥（永济桥），该桥建于1912年。这是一座四孔五墩伸臂木梁桥。每孔跨14.2米，高10.6米，五座楼亭，由廊桥连接。风雨桥远望气势恢宏，近看五彩斑斓，其中多有匾联、彩绘和雕塑等装饰，是侗族人民的建筑文化艺术精品，所以又称“花桥”。程阳桥1982年被列为全国第二批重点文物保护单位。据记载，它是中国“四大名桥（古桥）”，也是世界“四大名桥（古桥）”之一。

其实，这种风雨桥本身也是很适应当地气候的。一是南方常有暴雨洪水，桥身自重如果太轻，很容易被洪水冲垮甚至冲走；二是风雨桥是木质桥，如长期暴露在风雨中，极易潮湿腐烂，所以风雨桥有屋顶遮雨，保持桥身桥面干燥，这就非常有利它的保护。另外，广西三江县因位于山区，局地风速很大，雨滴与地平面夹角很小，因此这座风雨桥设计重檐挑出1.1米，使上下檐之间形成的飘雨角小于30°，这样既避免了雨淋，又避免了阳光直射。

但有意思的是，其实侗族风雨桥主要还不是为行人遮风避雨的。还以三江侗族自治县的调查报告为例，这里有的风雨桥的一端建在悬崖上，根本没有起到桥的作用；有的风雨桥建在除雨季外几乎无水的河上，成了旱桥；有的风雨桥离村寨很近，如遇风雨村民跑回家都来得及，无须跑到桥上去避雨。还有，风雨桥一般都建得宏大、庄严、锦绣，有的风雨桥还建成了龙的形状，显然主要也不是仅仅为了避风雨的作用。据记载，只有号称“廊桥博物馆”的浙江泰顺县，数十座廊桥都在野外，这样才真正起到了“风雨桥”的作用。

实际上，有学者指出，“风雨桥”的主要目的是为了“拦截风水，保护村寨安宁兴旺”。所以每桥上都设有神龛，供奉着侗族祖先、菩萨和关羽等神像。这也就可以解释，为何并不富裕的当地村民肯出大钱、出大力。例如我国最著名的程阳桥所在的《三江县志》中说：“……殷实者捐银二三百元，少亦数十元。供材不分贫富，服工不计日月，男女老少惟力是尽，绝不推诿而中止。”

所以，“风雨桥”者，“风水桥”也。侗族人自己也不把这些桥称为“风雨桥”，而是直呼其本名。大概主要是因为1965年10月郭沫若先生来程阳桥参观，题字后并赋诗，诗中有“艳说林溪风雨桥”（林溪是桥下的河名）之故，“风雨桥”的名称才传播开来。所以，“风雨桥”不仅是当地的建筑文化，而且也是侗族的信仰文化。

“骑楼”是我国南方城市中适应高温多雨气候的一种建筑。

在我国华南、台湾等地多见，上海也能见到。就是位于街道两旁商店所在的楼房从二楼起都会向街心方向延伸到了人行道上，以避免一楼商店受热带骄阳的直接照射，也解决行人顾客的避雨问题。如果城镇街道两旁没有楼房，就把平房的屋檐（加支撑）直接延伸到人行道上构成行人廊。我在20世纪70年代看到福建漳平、广东梅县等地的柱式支撑行人廊；福建龙岩等地的行人廊则以拱代柱，远看街道两旁就像长长的拱桥一般。即“骑楼”转化成了“骑廊”。正是因为有了骑楼和骑廊，热带城市居民上街常常可以不带雨具。

有趣的是，这种骑楼式的廊道结构，也常引入江南私家园林之中，成为复道回廊（上下廊道重叠），可以为游者荫蔽烈日，遮挡雨雪。其中最典型的要算扬州寄啸山庄的复道回廊。回廊全长约400米，经此可以游遍全园。尤其叫绝的是，在玉绣楼附近还形成了“立交廊桥”。

最后说说南方可避免鞋子雨湿的石子路。这种路除了地面略呈弧形以利排水外，常用各种石块、石子来铺路。例如杭州居住小区中普遍采用卵石路，或小方石块铺路，这样石与石之间空隙中即使留有积水，仍能不湿鞋。而柏油马路和石板路再平，也总会有小浅洼积水的。少雨的北方村镇多泥路，多雨的南方村镇多石子路，这种南北差别现在仍然存在。

（四）“一路顺风”和“接风洗尘”——古代行旅文化中的两个常用成语

我国古代交通极不发达，出门远行常常心存恐惧，视为大事。出门前亲友要为他设宴饯行，祝福他“一路顺风”“一帆风顺”。南北朝和隋唐以前，出门还要举行向行道神祝佑的仪式，叫作“祖道”。到达时，当地亲友也要为他设宴“接风洗尘”。总之都与“风”有关。

其实，“一路顺风”“一帆风顺”纯粹是祝福语，因为顺风顺水总是有利于早日到达目的地罢了。时至今日，人类已经飞上了高空，飞机在高空“风驰电掣”般高速飞行，顺不顺风，实际上对航速影响更大。我曾多次来回于乌鲁木齐和北京之间，航程平均3.5个小时。中纬度地区高空盛行强西风，顺风飞行比逆风要节省半小时航程（油料）之多。可是飞机顺风也会有问题，即由于飞机起降时需要逆风增加升力，所以特强顺风时甚至起不了飞，也落不了地。这时，“一路顺风”便不是祝福语了。

实际上，古代“一路顺风”也包括祝福整个行旅中好的气象条件。因为一路上难免会碰上“风雨交加”“风吹雨打”“风刀霜剑”天气。因此，祝你“一路顺风”，还包括祝你有“风和日丽”“风平浪静”“风轻云淡”“风光旖旎”的好天气、好心情。

古代旅行者到达目的地后，当地亲友一般都要为他设宴欢迎，叫作”接风洗尘”。“接风”容易理解。因为旅行者一路“风尘仆仆”，经过“风餐露宿”，最后“风雨无阻”地到达目的地，旅行者一路始终与“风”同行。因此接到“风”也就是接到旅行者。

“洗尘”有些费解。难道真要为旅行者洗去身上的灰尘？

非也。实际上，“洗尘”和“接风”一样，查我国最大的词典《辞海》《汉语大词典》，都只是“设宴欢迎”的意思，并非真要去洗。但是，“尘”可真是有的，而且还很多。因为，在我国北方，由于气候干旱，地面常有尘土。甚至到清末，皇城中大部分也是土路，号称“无风三尺土，有雨一街泥”。因此一旦有风（特别是北风）常起尘沙。所以，我国古代甚至把人世称为“尘世”，说明生活中确实多尘。

史上经常侵犯中原的少数民族（中原称之为“胡”）正是位于西北地区。胡人多骑马，马蹄易扬尘。因此历史上甚至称他们为“胡尘”。例如，“胡尘朝夕起”（欧阳修），而且“胡尘高际天”（崔颢），甚至“黄风吹沙万余里”（陈子龙），“胡尘蒙京师”（曹勋）！

回忆我刚到北京的二十世纪五十年代末到六七十年代，那时冬春季节大风和沙尘天气特多，这种天气里妇女上街头上都要包上纱巾（现在很少见到）。男人虽多戴帽，但头发里、眼里、鼻孔里、耳朵里，甚至嘴里都会有尘沙。因此，回家洗澡洗头，洗去身上、衣服上、头发和五官里的沙尘，便是很正常的事了。所以，我觉得，古代给远道客人接风要“洗尘”，不仅是礼节，确实也是需要。而且，从道理上说，既然接到了“风”，而风又带来了“尘”，因此接风之后要洗尘，也是合乎逻辑的事。

南宋陈与义，宣和四年（公元1122年）夏末秋初，服母丧三年期满，返京任职。途经河南中牟县城时，曾有“如何得与凉风约，不共尘沙一并来”（《中牟道中·二首》之二）之句。此前公元1119年他的成名作《和张矩臣水墨梅》中也有“相逢京洛浑依旧，唯恨缁尘染素衣”之句。此系他化用晋代陆机《为顾彦先赠妇》中的“京洛多风尘，素衣化为缁”和南朝齐谢朓《酬王晋安》“谁能久京洛，缁尘染素衣”而来。可见古代至少从晋到宋，开封、洛阳一带多深色尘沙，以致浅色衣服都被染黑了。

所以，从以上可以推断，“接风洗尘”和“望尘莫及”等这些“尘语”是在北方形成的，然后作为成语再传到南方。因为我国秦岭—淮河以南的南方地区气候湿润，植被好，基本上没有沙尘天气。

二十三、『南龙舟北赛马』与『南拳北腿』

——气候影响生活之五：民间竞技体育文化

游戏和竞技活动是民俗文化中的重要组成部分。它们来自生产活动和生活，可以锻炼体魄，调剂生活节奏，增强生产技能，培养坚强意志和勇武精神以及群体互助合作意识。这是别的民俗文化活动难以替代的。所以，许多少数民族在举行如那达慕等体育竞技比赛时，常常人山人海，气氛热烈。

（一）南赛龙舟北赛马

和其他民俗文化一样，游戏和竞技活动也会受到地理和气候条件的制约和影响，因而具有鲜明的地方特色。

我们知道，我国南方雨季长，雨量多，河湖港汊多，因而交通工具主要是船；而北方一马平川，主要交通工具是马，即“南船北马”。因此气候对游戏、竞技活动的最重大影响，也可以说是“南赛龙舟北赛马”了。

我国东北大兴安岭—阴山—祁连山—青藏高原东缘一线以西地区，或因年雨量少，雨季短，或因地高天寒，树木、庄稼不能生长，成为主要牧区，主要牧畜是马、牛、羊、骆驼等。因此民间传统体育竞技便大都与马有关。最典型的如蒙古族的那达慕大会，就以赛马、骑射和摔跤为主要内容。另外，哈萨克、柯尔克孜、塔吉克等民族还有叼羊和姑娘追等竞技活动，实际主要也是赛马技。叼羊是以夺得羊并先到终点为胜的多人竞技；姑娘追则是两个年轻人之间的赛马，女追上男为胜，这实际常是男女青年之间选择意中人的一种形式和机会。还有柯尔克孜族的“马上拉力”和哈萨克族的“马上摔跤”都是双方马上徒手相搏，把对方拉下马为胜，等等。有趣的是西宁附近的土族人赛马，不仅比速度，还要比走姿，要求只能碎步小跑，有点像奥运会马术赛中的“盛装舞步”。

与赛马相类似的还有蒙古族的赛骆驼和藏族的赛牦牛，都是以先到为胜。总之，在牧业生产地区中，民间传统体育竞技大都与当地主要畜牧品种有关。

相反，在以船为主要运输工具的南方，许多地区的民间竞技活动主要的便是赛龙舟。因为龙舟要求在水流平稳、水面较为开阔、水量较为丰富且有一定水深的河流中进行。因此缺少水面或水体不够要求的西北内陆以及端午节前后仍为枯水期的北方地区，民间就少有赛龙舟的壮观场面出现。

不过，即使南北方都有的游戏、竞技活动，也因气候不同而可以有很大差异。以舞狮为例，由于北方人体格高大，孔武有力，所以舞技主要表现狮子的威猛迅捷，狮子头重达数十斤，表演时讲究跳跃、翻滚等高难度动作，因而被称为“武狮”。南方狮头通常用竹篾制成，加上饰物，较为华丽。主要动作有“抖毛”“洗耳”“滚球”等。动作柔和细腻，主要表现狮子的活泼可爱和风趣诙谐，因而也被称为“文狮”。当然，由于南北千百年长期交流，这些界限已非绝对。

（二）冰嬉与水嬉

气候对我国南北方游戏和竞技造成的差异，除了降水量以外，其实温度也起了重要作用，这样差异主要表现在冰嬉和水嬉。因为北方冬季很长，即使是平均气温在零下的严冬时间也长达 3 个～6 个月。在这段时间里，大自然中的水都已结了冰，而且一般结得还挺厚。因此古代冬季的冰上活动，即“冰嬉”十分盛行。

据记载，冰嬉早在宋代就有。《宋史》就曾记载皇帝“观冰嬉”的情况。满族的发祥地在东北，更是喜欢冰上活动。清代统一全国后，大力提倡冰上活动，使其近乎成为“国俗”。乾隆在位时每年冬季都要以冰嬉为形式阅兵，当然主要是供皇室观赏。慈禧每年冬天最爱观赏的是把中国武术和滑冰技术相结合的高难度滑冰特技表演，既惊险万分又干脆利落。历史上流传下来的清代金昆、程志道、福隆安，以及张为邦、姚文翰的两幅冰嬉图，展现了当时众多的冰上活动项目。

“滑擦”，即滑冰。清代《帝京岁时纪胜》载：“冰上滑擦者所着之履，皆有铁齿，流行冰上，如星驰电掣。”乾隆曾赋诗形容曰“迅似严飞电”“拟议弦催箭”。清代《冰嬉》一诗，更是生动地描绘了当时滑冰的景象：“朔风卷地河水冻，新冰一片如砥平。何人冒寒作冰嬉，练铁贯韦当行縢。铁若剑脊冰若镜，以履踏铁摩镜行。其直如矢矢逊疾，剑脊镜面刮有声。左足未往右足进，指前踵后相送迎。有时故意作攲侧，凌虚取势叙燕轻；

飘然而行陡然止，操纵自我随纵横……”2011 年春节初一至初七，北京圆明园公园首次推出了清代皇家的冰嬉表演。

《冰嬉图》上还绘出了“冰上蹴鞠”（即冰上踢球）“花样滑冰”和“冰上杂技”。单人花样滑冰有“大蝎子”“金鸡独立”“哪吒探海”“鹞子翻身”“仙猴献桃”“童子拜观音”等姿势以及“双飞燕”等双人滑冰姿势。冰上杂技有飞叉、耍刀、弄幡、缘竿、使棒、倒立、叠罗汉等。古代冰嬉图中最多见的是“拉冰床”。《帝京岁时纪胜》中说，“寒冬冰冻，以木作床，下镶钢条，一人在前引绳，可坐四人，行冰如飞，名曰拖床”。这种床也可用作运输。例如《红楼梦》第五十六回中的“冰床”就是用作运输的。

“水嬉”，顾名思义就是玩水了，前述赛龙舟当然也是一种“玩水”。水嬉自然以水多的南方最为盛行。但北方夏季也可戏水，例如哈尔滨过去也曾组织过群众性的横渡松花江活动。

在游泳戏水活动中最惊险的当数钱塘江“弄潮”了。因为潘阆《酒泉子》词中说，“弄潮儿向涛头立，手把红旗旗不湿。别来几向梦中看，梦觉尚心寒”。周密《武林旧事·观潮》更是生动地描写了钱塘江巨潮来临之时吴越游泳健儿的英姿：“吴儿善泅者数百，皆披发文身，手持大彩旗，争先鼓勇，溯迎而上，出没于鲸波万顷之中，浮潮戏弄，上下翻滚，腾身百变，而旗尾仍不沾湿，方为高手。而豪民贵宦，争赏银彩。”但也有踩一叶扁舟，随江水波浪激流自由穿行而显其技的。当然，钱塘江弄潮是会有生命危险的，弄潮者多为贫苦渔民或船工，为生计所迫。因此弄潮民俗到民国初期已经停止，只有观潮依然热烈。

最后应当提到西双版纳的泼水节，这可以说是南方最著名的“水嬉”。因为傣族人认为水是神圣的，向谁泼水就是向谁祝福，而且“湿透全身，幸福终身”。因此泼的人和被泼的人都很高兴。泼水节在阳历四月中旬，常常可以泼好几天。由于当地四月正是一年三季中的热季，午后最高气温平均在33℃，正是全年最高，因此即使被泼成“落汤鸡”，也不会受凉致病。

（三）南拳北腿

在中国民间竞技体育活动项目中，武术无疑是其中最重要者之一。中国武术的拳脚功夫是中国优秀文化遗产，世界著名。但细分中国武术，仍有南北两大派系。南方武术一般以拳法和手法为主，腿法为辅；北方拳脚更注重腿法，故有“南拳北腿”之说。

按行家说法，“南拳”一般特点是：“拳式刚烈，步法稳固，动作紧凑，腿法较少，身居中央，八面进退……”“北腿”特点是：“在套路、技击上常常是一步一腿，手领脚发，上下配套，一条腿左钩右挂，前踢后打，明圈暗点，与手紧密配合。”“北腿”主要有“戳脚”“少林拳”等。拳经上就说过“少林武功全靠腿，弹踢蹬打摆合威”“手是两扇门，全靠腿打人”。《水浒传》中武松醉打蒋门神，用的就是“玉环步，鸳鸯腿”。只见“武松两个拳头在蒋门神脸上虚影一影……蒋门神大怒，抢将来，被武松（转身）一飞（左）脚踢起，踢中蒋门神小腹上，双手按了，便蹲下去。武松踢中了再转过身，那只右脚直飞在蒋门神额角上，踢着正中，望后便倒……”

“南拳北腿”的原因，专家一般都认为与南北方人的体格有关。南方地区由于纬度低，气候热，人的生长发育期相对较短，因而个子一般比较矮小，下肢较短，对用腿踢人非其所长，因而重拳击，靠近身优势取胜。而北方人由于气候较冷，生长发育期较长，加上杂粮肉食，因而长得人高马大，腿长是其优势。由于腿的转动半径大，力量足，速度快，威力大，所以逐渐形成“北腿”的武打特色，有“拳打三腿打七”之说。

有学者认为，气功种类的产生也和气候影响有关。南方炎热，运动者往往易汗、烦躁和疲劳。因此多学龟养生，产生了静功，提倡“生命在于静养”。而北方寒冷，人常剧烈运动驱寒，学习熊虎动作，诞生了动功，提倡“生命在于运动”。中原四季分明，寒暖交替，中原古人发明了动静结合的练功方法，明清以来在民间流行的太极拳就是一种动静结合的气功。当然这仅仅是从气候条件的角度分析的。

二十四、『雪罢枝即青，冰开水便绿』

——古诗词中的中国春来速

下面，我们就要转到气候影响生活和文化中的第二部分，即“春夏秋冬”部分。即通过春夏秋冬四季变化方面来看，究竟气候对国人的生活和文化产生了怎样重大和深刻的影响。

不过，凭我这支秃笔，实在写不好这样的文章。通过古诗词来写应该是个好办法。因为，一方面古诗词中浓缩了几千年中国古人对春夏秋冬四季的生活感受，其内容一定精彩；第二，古诗词本身就是中国几千年传统文化中的一颗璀璨明珠，字字珠玑，美轮美奂。用古诗词来说春夏秋冬，岂非最精彩加上最美？

但是，古诗词浩如烟海，如何能抓住其中关键，找到最能反映我国四季主要特殊性的诗词？一般认为，春暖，夏热，秋凉，冬冷，因此春季写春暖最自然。其实，世界上哪个地区春不暖？所以，写共性是下策。我认为，应该抓的主要矛盾是，“春来速”“爱早春”和“惜春归”。

因为我国是世界同纬度上冬最冷、夏季又是除干旱沙漠地区外最热的国家，因此春季升温必然最快。我国以5天平均气温从10℃升到22℃定义春的开始，因此我国这段春天的时间必然也最短，人们也必最爱早春，最惜春归。

（一）雪罢枝即青，冰开水便绿

记得二十世纪九十年代中央电视台有一期《综艺大观》，主持人倪萍谈笑风生，“王蒙先生曾经说过，北京的春天，咣当一声就来了”，即北京春天来得特快。其实，在古诗词中也早有说道。

古诗中形容“春来速”最传神的，我以为要数南北朝的王僧孺《春思》中的“雪罢（树）枝即青，冰开水便绿”。因为冰、雪和青、绿是两个季节的事。此外，宋代女诗人朱淑真《立春前一日》的春速也不慢：“梅花枝上雪初融，一夜高风急转东（古代东风即春风）。芳草池塘冰未薄，柳条如线著春工。”也就是说，池冰未薄，雪才初融，春风一夜，柳芽就开始萌发了！

当然，写诗总可能有些夸张，但是三五日内春天突然来到则是完全可能的。

例如，唐代施肩吾《春日美新绿词》中说，“前日萌芽小于粟，今朝草树色已足”；白居易《溪中早春》中有“东风来几日，蛰动萌草坼”；元代贡性之《涌金门见柳》中有“涌金门外柳垂金，三日不来成绿阴”。这些诗都是说，满眼绿色的春天可以在短短几天中迅速到来。

要说杭州涌金门外三日柳成绿荫，我未曾得见，但是我却见到了北京三日柳枝从无芽到柳叶绽放的奇观。那是在 2001 年 3 月 19 日～ 21 日，紫竹院公园。因为这些天北京气温突然升高（其中 3 月 20 日最高气温 22.6℃，破 40 年同日历史纪录）。18 日柳条上的叶芽苞开始变黄返青，19 日芽苞长度明显增长（但仍贴在柳条上），20 日叶芽芽端翘离枝条（但芽仍直），到了 21 日，叶子就已完全绽放，细叶弯曲。因此如果你 3 天没来看，那就应了唐代诗人贺知章《咏柳》诗中的“不知细叶谁裁出，二月春风似剪刀”，即春风这把“剪刀”3 天内就快速地把无数细柳叶给“剪裁”出来了。因为唐代盛行剪纸，剪人物、剪柳，也剪花鸟鱼虫等。因此，贺知章才有这样的灵感。

为什么我国（特别是北方，包括北京）春来如此之速？

施肩吾在上诗中接着说，“天公不语能运为，驱遣羲和染新绿”；白居易在上诗中接着说，“潜知阳和功，一日不虚掷”；宋代欧阳修的《啼鸟》前两句说，“穷山候至阳气生，百物如与时节争”。诗中“羲和”“阳和”“阳气”都和太阳有关，意思是初春阳光热量迅速增强，一到节令，植物欣欣向荣，发芽，长叶，开花，……一天一个样，什么力量也挡不住。生命力之顽强，令人惊叹。

实际上，北半球冬季最寒冷的地方，也就是 3 月至 5 月升温最快的地方，是东西伯利亚北极圈附近的俄罗斯维尔霍扬斯克和奥依米亚康地区，这里 5 月比 3 月猛升了 32℃左右之巨。有书形容这里春暖时草木发叶速度之快，“就像放电影一般”。我想，如果我们有古人生活在那里，一定会写出比“雪罢枝即青，冰开水便绿”更精彩的诗句来的。

（二）诗人爱早春

“四时可爱惟春日”，人们都酷爱万紫千红的春天。可是，也有不少古诗人更爱早春。

诗人爱早春最著名的一首可能要数唐代韩愈的《早春呈水部张十八员外二首·其一》：“天街小雨润如酥，草色遥看近却无。最是一年春好处，绝胜烟柳满皇都。”意思是，皇都长安街道上雨后土壤酥湿，长出了稀疏鲜嫩的细草。但这种细草只是远看才见绿。韩愈认为：正是这种近看不绿、远看才绿的“春好处”，才是长安春季中的最美好景色，绝对比满城烟柳的浓绿春色要好看得多。

可见，韩愈爱的早春景色是刚萌芽不久的嫩草。因为“春色先从草际归”么！但是唐人杨巨源爱的早春则是那柳条，因为“泄漏春光有柳条”。

杨巨源《城东早春》全诗是：“诗家清景在新春，绿柳才黄半未匀。若待上林花似锦，出门俱是看花人。”诗人明确说出了诗家最爱早春绿色柳条上刚刚萌生的淡黄柳叶（状如人睡眼初展，古称“柳眼”）。因为柳条看上去有绿有黄，所以才说“半未匀”。

其实，也确实不是杨巨源一个人爱柳芽初萌时的“半未匀”，例如明代杨基《清平乐·欺烟困雨》中就有“记取春来杨柳，风流全在轻黄”。唐代李商隐《柳》诗亦有“江南江北雪初消，漠漠轻黄惹嫩条”。宋代姜夔的咏柳词，词名干脆就叫《淡黄柳》。

可见诗人们对“绿柳才黄半未匀”的喜爱。

为什么诗人早春最爱的多是柳眼和嫩草？唐人李中给出了一个答案：“一种和风至，千花未放妍。草心并柳眼，长是被恩先。”（《早春》）原来，寒冬即将过去，东风解冻，草木最先感到温暖阳光之恩的，不是千种花卉，而是“草心并柳眼”。它们正是报春使者中最前哨的物候现象。因此，它们的出现，预示大地即将万紫千红，尽管眼前仍是“李白桃红未吐时”。我们人人喜爱新生事物，而“草心柳眼”就是“一年之计在于春”这个大自然最大新生事物的最早萌芽。

诗人爱早春的第二个原因是，百花盛开的万紫千红固然好看，但是盛极必衰，这意味着大地即将春意阑珊，“无可奈何花落去”。所以诗人们才希望“天公领略诗人意，不遣花开到十分”；以及“分付凉风（冷空气）勤约束，不宜开到十分时”（清代蒋士铨《题王石谷画册玉簪》）；清代叶燮的一首惜花诗干脆起名叫《梅花开到九分》。

诗人爱早春的第三个原因是，在“花开九分”之前，还有一个阶段，也是诗人们的最爱，即百花“含苞欲放”或“含苞初放”的时段。例如，宋代李元膺说“一年春好处，不在浓芳，小艳疏香最娇软”，因为“到清明时候，百紫千红花正乱，已失春风一半”。即他们欣赏的是“桃花嫣然出篱笑，似开未开最有情”“小白长红越女腮（西施即越女）”“可爱深红爱浅红（我理解是，诗人发问：

图 47　吉林延边朝鲜族梨花节

是深红好看还是浅红好看？因为实际上都很好看）”。

作者文学细胞很少，倒也更喜爱这种“小艳疏香”“似开未开”。例如春天的西府海棠、榆叶梅等观赏花，每逢它们含苞初放时，既生机勃勃，又红白对比十分鲜艳。等到几日后深红消去，粉红花朵盛开，不仅繁花盛极将衰，就是颜色也已经变得单调。因此这也就是古代写早春的诗文都意气风发，而写晚春、暮春的诗文难免多有伤感的原因所在。

其实，我认为，不论“草心柳眼”，还是花开花落，甚至严冬盛夏，都是可爱大自然四季画卷中或长或短的一段，只要是热爱生活的人，都能从中领略到它的可爱、可赏之处。再说，花落春归不也正是来年春天“最早的”报春使者吗？

（三）古诗说春归

漫长的严冬过后，天气迅速回暖，枯黄的大地突然变得万紫千红，万物欣欣向荣。相信古人会是多么兴奋和惊喜！但是，如前所说，我国春短，来去匆匆，“无可奈何花落去”（晏殊）“流水落花春去也”（李煜），使古人写下了大量的惜春、惜花和惜春归的诗篇。

人们盼春长和实际花期却很短之间存在着永恒的矛盾。诗人们遂常怀“惜春长怕花开早”“晚恨开迟，早又飘零近”（辛弃疾）之恨。那么该怎么办呢？

元好问有个办法，他写道：“枝间新绿一重重，小蕾深藏数点红。爱惜芳心莫轻吐，且教桃李闹春风。”（《同儿辈赋未开海棠》）原来，他叫海棠不要急着开花，等桃李谢后再开，错开了花期岂不就是延长春天了吗？清代词人纳兰性德做法更是奇特：“一树红梅傍镜台（梳妆台），含英次第晓风催。深将锦幄重重护，为怕花残却怕开。”他的这株含英红梅大概是全株都快开了，因此他不惜用重重锦幄围起来，遮光避热，以免它迅速盛开而早败。

那么已经盛开，且将落的花朵又怎么办呢？那就只有抢救性地欣赏了。例如白居易在《惜牡丹花》中说，“明朝风起应吹尽，夜惜衰红把火看”！

那么即将离枝下落的花又该怎么办呢？诗人也有各种招数。例如席佩兰的“十树花开九树空，一番疏雨一番风。蜘蛛也解留春住，宛转抽丝网落红”；即使花瓣已经落地，诗人谭元春也不死心：“红白（花瓣）无声下径迟，因风荡入柳边池。院中小鸟怜春色，几欲衔来再上枝。”

但是，即使蜘蛛把落红网住，小鸟把花瓣衔起，但花毕竟谢了，春毕竟去了。于是诗人们想到根本的办法应该是把春留住。例如晏殊《采桑子》词中说，“何人解系天边日，占取（留住）春风，免使繁红。一片西飞一片东”；宋代王令甚至很有信心地说，“子规（杜鹃）半夜犹啼血，不信东风唤不回”（《送春》）。

也有诗人很浪漫，想说用“钱”买春住。但是，“满地榆钱，算来难买春光住”（董解元）；“纵岫壁千寻，榆钱万叠，难买春留”（万俟咏）！

还有一些诗人别出心裁去找春归的地方，因为这样不就又能回到春天了吗？于是诗人们写了许多诗，问燕子，问黄鹂，问啼莺，问柳絮，问杜鹃，因为它们大多出现在春归时节。例如宋代诗人朱淑真就是其中一位：“楼外垂杨千万缕。欲系青春，少住春还去。犹自风前飘柳絮。随春且看归何处？（《蝶恋花·送春》）”也就是说，她初想利用随春风摇曳、柔细如丝缕、似可系物的杨柳枝来留住春天。但是，等到杨柳飘絮的季节，春天“少住”后还是回去了。柳絮没有告诉她春归何处，无奈她亲自《送春》，但“把酒问春春不语”！

诗人们终于明白，人们是“无计留春住”（欧阳修）的，而且是“春归如过翼，一去无迹”（周邦彦）。

但是，且慢，事情好像还有转机。白居易居然找到了春归的地方！

有一次他从庐山麓登山到大林寺游览，写下了《大林寺桃花》：“人间四月芳菲尽，山寺桃花始盛开。长恨春归无觅处，不知转入此中来。”原来山下春归时节，气温较低的山上还是大好春光。从山下走到山上，不就又回到春天了吗？我有个老乡，“文革”时期他以养蜂为业，2月份从广西出发，5月到达黑龙江，他身边天天有花，天天是春天！

但是问题并没有根本解决，因为上山，向北方，终会有个尽头。还不用到珠穆朗玛峰顶上、南北两极，那里就已经永远也没有了温暖的春天！

所以问题又回来了。那么我们究竟应该如何正确看待春归？

实际上，春来春归是自然规律。晏几道说得好：“春风自是人间客，主张（持）繁华得（能）几时？”何况“落红不是无情物，化作春泥更护花”（清代龚自珍）！

其次，有些诗人觉得应该承认现实，珍视现在，老老实实享受春天。例如，杜荀鹤告诫杜鹃“啼得血流无用处，不如缄口过残春”；司空图“惜春春已晚，珍重草青青”，都是这个意思。

再说了，春天过去，夏天也不错嘛，“芳菲歇去何需恨，夏木阴阴正可人”（秦观）；“春风取花去，酬我以清阴”（王安石）。春，夏，秋，冬，生活就应该是丰富多彩的。

但是，我还是以为，清代翁格的《暮春》总结得是最点睛、最精彩的：“莫怨春归早，花余几点红。留将根蒂在，岁岁有东风。”不是吗，如果我们生活在了四季都是春天的世界里，那么我们就不会再对春天有那样热烈欣喜的激情，当然也就没有了我国咏春、咏四季的唐诗宋词。再说远点，自然界没有了春夏秋冬，自然也就没有了我们现在的中国古诗词和传统文化。

二十五、『万国如在洪炉中』与『如坐深甑遭蒸炊』

——古诗词中的中国夏热

我国由于大陆性气候强而夏热，成为世界同纬度上除了沙漠干旱地区外夏季最热的国家（高山高原地区除外）。例如，北纬近 46° 的哈尔滨过去还曾多次进行过群众性的横渡松花江活动。我国北方夏季之高温，还使我国一年生喜热粮棉作物分布的纬度很高，在世界上数一数二，例如新疆一个省区的棉花产量就占了全国的一半。

而且，在秦岭—淮河以南的南方地区，夏季由于高空副热带高压的控制，晴天烈日，加上地面江河纵横、水田密布，天气之闷热，世所罕有。闷热使人整日汗流浃背，苦热难眠又加上胃口不好，过个夏天要瘦掉好几斤肉，人称“疰夏”。大诗人遇上大热天，便会写出许多咏苦热的妙句来。

（一）“如坐深甑遭蒸炊”——古诗形容苦热的绝世妙句

我国古诗词中咏苦热的内容十分丰富，大体可分为闷热流汗、高温环境以及物象比喻等几个方面。

闷热必多汗。例如，唐代范灯《六月》中说，“六月季夏天，身热汗如浆”；晋代程季明《拒客诗》中说，“摇扇手都酸，流汗正滂沱”；宋代戴复古《大热五首·其一》中说，“田水沸如汤，背汗湿如泼”；唐代司空曙《苦热》中则是，“啸风兼炽焰，挥汗讶成流”。此外，还有“挥扇只有汗如浆”（宋代杨万里），“欲动身先汗如雨”（宋代张耒），等等。

汗流得如“浆”，如“泼”，如“流”，如“雨”，如“泉”，那当然是很热的了。

古人又是如何形容他们这种挥汗如雨的高温环境的呢？

宋代戴复古《大热五首・其一》中说：“天地一大窑，阳炭（太阳）烹六月。万物此陶熔，人何怨炎热。”他是说，夏季的太阳把整个世界都变成了一个高温大窑，万物都要熔化了，人也不必埋怨炎热了。再如唐代王毂在《苦热行》中则把炎夏世界比作大洪炉：“祝融（火神）南来鞭火龙，火旗焰焰烧天红。日轮当午凝不去，万国如在洪炉中。”唐代韩愈则把闷热天气比喻成自己是在蒸笼中被蒸：“自从五月困暑湿，如坐深甑（甑，古代蒸食物的炊具，底下有许多孔可进蒸汽）遭蒸炊。”杨万里的《午热登多稼亭五首》中也有“不是城中是甑中”的类似句子。他们把这种又闷又热的天气，比作如在蒸笼之中，真是再形象不过了。

宋代梅尧臣的《和蔡仲谋苦热》，则是通过周围事物在大热天气中的状态来描写苦热的一个典型：“大热曝万物，万物不可逃。燥者欲出火，液者欲流膏。飞鸟厌其羽，走兽厌其毛……”天气热到干柴生烈火，液体熬成膏；热到飞鸟嫌生羽，走兽嫌长毛。如此之热，还有什么能比这更热的天气了呢？

李白有一首描写大热天气下拖船拉纤的纤夫们的辛苦劳动，

是用牛来做比喻。他在《丁督护歌》里说："吴牛喘月时，拖船一何苦。"吴牛指吴地（主要是今江苏南部及其附近）的水牛。按理说吴牛应该早就适应当地夏季的炎热气候了，但却还是常常热得受不了，以至看见月亮也以为是太阳，害怕得喘起气来。成语"吴牛喘月"就是由此而来。此外，古诗中还有些用"鸟开口"来形容天热的，但杜甫《夏日叹》中竟是"飞鸟苦热死"。且杜甫本人大概也是不太耐热的，在陕西华州（今华县）上任期间，热天中曾"束带发狂欲大叫""安得赤脚踏层冰"（《早秋苦热堆案相仍》）！

（二）"阳侯海底愁波竭"——古诗形容苦热的丰富想象

古诗中形容天热最怪的要数人称"鬼才"的唐代李贺，他的《罗浮山父与葛篇》中的"蛇毒浓凝洞堂湿，江鱼不食衔沙立"就十分怪异。该诗用天热反衬罗浮山人织的葛布特别凉爽。下面援引一位文学家的解释："蛇洞由于溽暑熏蒸，毒气不散，以致越来越浓，凝结成水滴似的东西，黏糊糊的，整个洞堂都布满了。洞里的蛇该是怎样的窒闷难受！江里的鱼热得无法容身，不吃东西，嘴里衔着沙粒（河底沙粒应较凉），直立起来，仿佛要逃离那滚热的江水。洞堂和江水本是最不容易受暑热侵扰的地方，如今热成这个样子，其他地方就可想而知了。诗人奇特的想象力和惊人的艺术表现力，有鬼斧神工之妙。”

古人咏苦热的角度千奇百怪，唐代柳宗元被贬永州当司马，那里是夏季伏旱季节中十分苦热之地，他在《夏昼偶作》中说苦热时那难受感觉就像喝醉了酒一样：“南州溽暑醉如酒。”有学者说：“‘醉如酒’形象地描写出了人们的难熬溽暑之态。由于湿度大，温度高，自然憋闷难禁，体力不支，心烦意乱，疲惫欲睡。”

但古诗中咏苦热叫绝的可能要数宋代的范成大和唐代的王维了。范成大在《秋前风雨顿凉》中说：“但得暑光如寇退，不辞老景似潮来。”他怕热怕得竟连加速衰老都不顾，但求苦热天快快过去！王维在《苦热》一诗中讲了种种苦热难熬景象之后，竟然异想天开地“思出宇宙外，旷然在寥廓”。他热得甚至连命都不要了，想到宇宙真空中去“凉快凉快”！

我们的古人最善发挥丰富想象，对苦热自也不例外。

唐代王毂在《苦热行》中异想天开地形容说，“五岳翠乾云彩灭，阳侯海底愁波竭”。意思是，大热天把五岳诸山的翠绿的树木都烤干了，把天上的云彩也烤蒸发掉了。阳侯是波涛神，它躲在海底发愁，担心这大热会把大海波涛都给蒸发干了呢！这种想象已可谓厉害，可是宋代王令还要高出一头。他在《暑旱苦热》中接着说：“人固已惧江海竭，天岂不惜河汉干？”也就是说，如果再继续大热下去，天上云彩、地面江海蒸发完后，数万光年外的银河（系）也要“烤干”了。这是何等的“宇宙大热”！

■ 图 48　太热了

（三）“大热去酷吏，清风来故人”——苦热形容社会人事

夏热肆虐，诗人们自然是“恨之入骨”，因此常把它比作坏人坏事。下面举出三例。

宋末元初，宋人遭亡国之痛。许多诗人对元朝统治者持不合作态度，真山民是其中一位。他改名“山民”，即山野之民，就是表示他决意放弃仕进，隐居一生。他曾写下一首《山亭避暑》，前四句是：“怕碍清风入，丁宁莫下帘。地皆宜避暑，人自要趋炎。”一看就是一首讽刺诗。他实际上把可恶的炎暑比作了残酷的元朝高压统治。他不让挂帘，就是为了让清风入室驱炎暑（元统治）。

诗中“地皆宜避暑，人自要趋炎”，则是讽刺那些入（元）朝为官的人，说哪儿都能去“避暑”，他们却偏偏去“趋炎附势”。

唐代诗人杜牧，曾有《早秋》一诗，诗中有两句“大热去酷吏，清风来故人”。我理解的意思是，大热如酷吏之去，清风如故人之来。他把大热比作了酷吏。

前面已经讲过，宋代范成大把酷暑比作“寇”，“但得暑光如寇退，不辞老景似潮来”。这种比喻也很新鲜。因为“寇”会杀人、放火、抢劫，人们深恶痛绝。这也表示了范成大去炎暑态度之坚决。此外，宋代王令在《暑旱苦热》中对暑热用了“屠”字（“清风无力屠得热”），也是说明了他对苦热的极端憎恶之情。

那么，古人在生活中是如何避暑纳凉度苦热的呢？

（四）“树荫亭午正风凉”——古人的“外因避暑法”

古人避暑最普遍的是在树荫下纳凉。因为我国是中低纬度国家，夏季中太阳高，暑热的热源是强烈的阳光。只要阻断阳光，就会立感清凉。而且树冠叶子上还有大量水分蒸发，会消耗大量热量，使树荫下更加清凉。所以古诗中有大量树荫纳凉的内容。

例如宋代戴复古《大热五首·其四》中说：“吾家老茅屋，破漏尚可住。门前五巨樟，枝叶龙蛇舞。半空隔天日，六月不知暑……”此外还有陆游“清风掠地秋先到，赤日行天午不知”（《新竹》），尽写竹林中午间之凉；清代魏燮均“人枕蓑衣牛系树，乘凉都卧柳荫边”（《长夏村居杂兴》）；宋代范成大“黄尘行客汗如浆，少住侬家漱井香。借与门前磐石坐，树荫亭午正风凉”（《夏日田园杂兴十二绝·其九》）等。在很密的树林中，古诗中甚至用“四时无夏气，三伏有秋风”“烈日方知竹气寒”等来形容。

有意思的是，宋代张耒曾利用“树荫纳凉”诗来揭露古代负重民（苦力）的悲惨生活：“人家牛马系高木，惟恐牛躯犯炎酷。天工作民良久艰，谁知不如牛马福。”（《劳歌》）意谓，夏日人家都把牛马系在大树树荫下，惟恐它们中暑。可是那些负重民反而无人可怜，还要在烈日下干活。上天创造人很不容易，可是创造出来的这部分人，反而没有像牛马那样的福气！

古人度夏热的另一个依靠是清风，因为夏日里人之所以感到热，也常常是因为夏日中无风，不能把皮肤表面影响蒸发散热的湿热薄气层及时吹走，无法使汗水得以迅速蒸发而大量散热。因此，夏日里只要有清风徐来，便能立刻炎暑顿消。本文前面的陆游、杜牧、真山民、范成大等诗中，就都出现了清风。下面我们继续补充。

例如苏颋说“长风自远来，层阁有馀清（《小园纳凉即事》）”；戎昱甚至说“清风长入坐（长吹），夏月似秋天”（《玉台体题湖上亭》）。而且这种清风甚至可以长时间和大范围地吹。例如王恽在《过沙沟店》中说，“清风破暑连三日”；苏轼在《答仲屯田次韵》中有“清风卷地收残暑”；王维在《苦热》中有“长风万里来，江海荡烦浊（热）”；等等。

图 49　2009 年 7 月作者在新疆达坂城风电场附近接受北京电视台记者采访，由于海拔千米，天气凉爽

所以，难怪一旦大热而又无风，诗人会渴望风至："傍檐依壁待清风。"（刘兼《中夏昼卧》）如果风不来，诗人会想到借风："坐将赤热忧天下，安得清风借我曹。"（王令《暑热思风》）如果借也借不到，有的诗人会想到买风。于是施肩吾说，"火天无处买清风"（《夏日题方师院》）！其实，即使有地方买，也买不起，因为韩琦说过，"谁人敢议清风价"？（《北塘避暑》）即清风是无价的。

所以，既有绿荫，又有清风的地方，便是古代避暑的好去处。《山亭夏日》就是唐代高骈给我们描绘的一幅夏日理想避暑图画："绿树阴浓夏日长，楼台倒影入池塘。水晶帘动微风起，满架蔷薇一院香。”韩琦在《北塘避暑》中也有“尽室林塘涤暑烦，旷然如不在尘寰”的赞誉。

（五）“但能心静即身凉”——古人的“内因避暑法”

但是，古人避暑的最高境界还不在借助外因，而在调动内因，即“心静”。

据记载，唐代白居易在一个大热天，满头大汗地去拜访恒寂禅师，只见禅师静坐室中，无热无汗。他大为惊讶，于是写出了《苦热题恒寂师禅室》：“人人避暑走如狂，独有禅师不出房。可是禅房无热到，但能心静即身凉。”

所以后来他总结出他的“消暑”办法：“何以销烦暑，端居一院中。眼前无长物，窗下有清风。散热由心静，凉生为室空……”简言之，就是“虚室，心静”，虚室利心静，心静自然凉。宋代陈师道也有“门闲心静自清凉”之句。唐代王维在《杂曲歌辞·苦热行》诗的最后他觉悟到他苦热的原因，正是“却顾身为患，始知心未觉”。等到他想到心要静时，立刻便“忽入甘露门，宛然清凉乐”。否则，天热再加上心烦，岂非越烦越热，越热越烦？因为中医认为，夏属心，心是主神志的，“灭得心中火自凉”！

魏晋的嵇康更绝，他在《养生论》中把“心理避暑”的功能发挥到极致：他要求“常有冰雪在心”。请想，如果心静再加上心里充满冰雪（甚至还可以想象人在冰雪环境之中），焉能不凉？

写到这里，我查了世界许多有关气候的著作，发现我国江南地区（包括四川盆地东南半部）是世界上夏季大面积最闷热的地区，月平均气温高达29℃，甚至30℃（日最高气温常可达40℃以上）；地上有水田池塘和植被上腾水汽，月平均相对湿度可高达80%。在这几百万平方千米土地上，又居住着人口特别密集（相信都是当时世界上人口最密集的地区），文化历史最为悠久的中华民族。因此，几千年来他们创造出来的咏热诗词文化，必然也是世界上最为丰富和最为精彩至极的（因此本文才称之为“绝世妙句”）。这也是我们对世界诗词文化的一大贡献。

二十六、『万里悲秋常作客』与『霜叶红于二月花』

——古诗词中的秋兴与秋悲

在我国古代咏秋诗词中，有两个大类。一类可以称之为秋兴或赏秋，因为秋季天高气爽，冷暖适宜，秋色斑斓，美景无限。另一类是悲秋、秋愁或秋思，因为自然界的草木枯黄和凋零，天寒日短，老弱病人往往容易联想到人的壮盛之年过去，垂暮之年的到来，常常能引发秋愁和秋悲。

（一）“万里悲秋常作客”——秋愁和秋悲

其实，据记载，在很早的古代，很少有秋愁和秋悲的诗词。大体从先秦的宋玉《九辩》中“悲哉，秋之为气也。萧瑟兮，草木摇落而变衰”以后，才开始多悲秋之作的。

我国盛行大陆性季风气候，一年中春、夏、秋、冬四季分明。近代有位诗论家在一篇文章中说：“中国文学几乎从它开始的时候起，即对节物风光的变化显示了相当的敏感。草木凋零、鸟移兽隐的秋天尤其容易激发人的思乡盼归，伤容华易逝，叹美人迟暮等情愫。于是因秋天到来而伤别、叹老成了中国文学中习见的情感反应模式。”

在作者见到的悲秋诗词中，“老”和“病”确是最普遍的悲秋原因之一。例如杜甫《登高》：“风急天高猿啸哀，渚清沙白鸟飞回。无边落木萧萧下，不尽长江滚滚来。万里悲秋常作客，百年多病独登台。艰难苦恨繁双鬓，潦倒新停浊酒杯。”这就是典

图 50　秋风起，黄金遍地

型的年老多病、沦落他乡等引发的秋悲和秋愁。

此外，王安石“病身最觉风露早”（《葛溪驿》），戴表元的“西（秋）风吹入鬓华深”“骨警如医知冷热”（《秋尽》），宋琬“瘦骨秋来强自支”（《初秋即事》），蒋春霖“病来身似瘦梧桐，觉道一枝一叶怕秋风”（《虞美人》），施闰章“垂老畏闻秋”（《舟中立秋》）等，也都是因伤病、因年老引起悲秋的例子。

秋日看到白发，引起伤感，也是常事，连李白也悲叹“华鬓不耐秋”（《古风》）。但这类诗中有两首很有意思，一首是唐代无名氏的《杂诗》：“函关归路千馀里，一夕秋风白发生。”另一首是清代赵翼的《野步》：“最是秋风管闲事，红他枫叶白人头（衰老）。”当然，枫叶可能是可以在一夜或几夜间被秋风“吹”红的，但头发何以也能在短时间内“染白”呢？我认为，这是和李白的“白发三千丈”一样的夸张形容。只不过李白是用白发长度来夸张，而赵翼等是用白发速度来夸张罢了。

当然，旅居在外或者行旅途中，每逢秋季也常会产生秋思和秋悲。例如宋代何应龙就有“客怀处处不宜秋，秋到梧桐动客愁”（《客怀》）之句，此外上述王安石《葛溪驿》显然也是在秋季行旅途中写的，因为诗中第二句便是“一灯明灭照秋床”。

至于引发秋思、秋悲、秋愁还有其他许多具体环境原因。诸如天寒日短，树木叶落等。孟郊的《秋怀·其二》：“秋月颜色冰，老客志气单。冷露滴梦破，峭风梳骨寒……棓桐枯峥嵘，声响如哀弹。”李觏《晚秋悲怀》：“渐老多忧百事忙，天寒日短更心伤。数分红色上黄叶，一瞬曙光成夕阳。”北朝庾信《枯树赋》：“昔年种柳，依依汉南；今看摇落，凄怆江潭；树犹如此，人何以堪？”甚至有人说“络纬声声织夜愁”（《西塍秋日即事》），即纺织娘这种小虫的叫声也能引发秋愁。

但是，实际上古代诗人多数不会单纯地为秋愁而秋愁。他们多数是以诗言志，常常是出于虚度年华、壮志未酬、忧国忧民等各种深层次原因，只是不愿直白写出（有时是为避祸）罢了。例如前述施闰章《舟中立秋》“垂老畏闻秋”之后，就是“年光逐水流”；李觏《晚秋悲怀》中的“一瞬曙光成夕阳”等都是叹年光流逝，自己年老不能再为国家和人民做些事情而悲秋的。

陆游《秋晚登城北门》中“幅巾藜杖北城头，卷地西风满眼愁”，则愁的是国家安危。因为后面接着的就是“一点烽传散关（此指边关）信，两行雁带杜陵（此指京城）秋”。王安石虽“病身最觉风露早”，犹“坐感岁时歌慷慨”。欧阳修《秋怀》中“秋怀何黯然”的原因，则是“感事悲双鬓，包羞食万钱”。即因为忧怀国事，连两鬓都白了，他羞于过高官厚禄而又无助于国家的日子。辛弃疾在《丑奴儿》词中的愁乃是指当时金人强势入侵，而南宋朝廷又被投降派把持朝政的愁。本文前述其他诗人也大都是“丈夫感慨关时事，不学楚人儿女悲”（宋代黄公度《悲秋》）。

那么，秋和愁之间究竟有什么关系？古人也有说道。

例如宋代吴文英在词《唐多令》中就说，“何处合成愁？离人心上秋”。有诗论家解释说，单说秋思很平常，只有别离人的秋思才可称愁。即只有秋加上离人的心，才可称愁。所以唐代诗人严维才在《丹阳送韦参军》中说，“丹阳郭里送行舟，一别心知两地秋”。即实际上诗中的秋就是“愁”。至于远古造字者是否出于这样考虑，那就不得而知了。但是，在四季中秋季因为景物、天气等而最易引发愁，这一点应该是可以肯定的。这也许正是造字者不在其他季节字下面加心组成愁字的原因吧！

（二）“霜叶红于二月花”——秋兴和赏秋

有位诗论家说，“金秋之季，一岁之运盛极而衰，最能摇荡人的情思。不过，历代文人看重的是秋风秋雨后的红衰翠减的一面，使秋与愁结下了不解之缘”。其实，“秋天不仅令人心旷神怡，而且是五谷登，水果熟，菊黄蟹肥，令人陶醉的季节”。

在古秋兴诗中，最著名的可能要数唐代刘禹锡和杜牧的两首。

刘禹锡《秋词二首》中说，“自古逢秋悲寂寥，我言秋日胜春朝。晴空一鹤排云上，便引诗情到碧霄”“山明水净夜来霜，数树深红出浅黄。试上高楼清入骨，岂如春色嗾人狂”。杜牧的《山行》则主要写红叶：“远上寒山石径斜，白云深处有人家。停车坐爱枫林晚，霜叶红于二月花。”这两首诗实际上不仅渲染秋色美景，而且振作励志，又富含哲理意蕴，所以传唱千年不衰。现代诗人毛泽东主席的“看万山红遍，层林尽染；漫江碧透，百舸争流。鹰击长空，鱼翔浅底，万类霜天竞自由”（《沁园春·长沙》），更是家喻户晓。

描述色彩斑斓的秋景的诗还有很多。例如宋代杜耒“丹林黄叶斜阳外，绝胜春山暮雨时”（《秋晚》）；唐代戎昱“秋宵月色胜春宵，万里天涯静寂寥”（《戏题秋月》）；明代高启“清霜初染满林秋，仿佛残霞晚未收”（《红叶》）；唐代司空曙“茱萸红实似繁花”（《秋园》）。宋代林逋《宿洞霄宫》里还有“碧涧流红叶，青林点白云”。意思是，碧色涧水上流的是红叶，青青的树林上面点缀着白云。碧、红、青、白，这种美丽秋景春天哪里会有？

而且，许多古代诗人对于美丽秋景，甚至爱得发“狂”。

例如，刘禹锡《始闻秋风》中最后两句是“天地肃清堪四望，为君扶病上高台”。诗中“君”就是指秋景。刘禹锡即使抱病也要上高台（高处平地）欣赏胜过春光的秋景！

宋代宋祁还曾在九月初九重阳日专门游宴：“秋晚佳晨重物华，高台复帐驻鸣笳。邀欢任落风前帽，促饮争吹酒上花。”（《九日置酒》）“高台”句是写场面之热烈和气派，“邀欢”两句是说，即使风把帽吹落也不管，继续抢饮他们的菊花酒（古来重阳登山多饮）。宋祁甚至自称“白头太守真愚甚，满插茱萸望辟邪”。可见宋祁赏秋游宴的兴奋之情。

清代汪琬更是率性天真：“自入秋来景物新，拖筇放脚任天真。”（《月下演东坡语》）拖筇就是拖着竹杖，“放脚”有无拘束的意思。高兴得以至于吟出“江山风月无常主，但是闲人即主人”。因为苏东坡曾说，清风明月取之不尽，用之不竭。他进一步认为，只有像他这样的“闲人”，才是江山风月的主人！秋景令他兴奋得如此“野心勃勃”。

实际上秋天还有一个重大亮点，就是秋凉。炎夏酷暑，秋凉为多少诗人所期待。所以杨万里在《秋凉晚步》中说，“秋气堪悲未必然，轻寒正是可人天”；宋代徐玑不直写人的感觉，而是说“黄莺也爱新凉好，飞过青山影里啼”（《新凉》）。明代唐寅《题画》中的“爽人秋意”和南朝王僧孺《秋日愁居答孔主簿》中的“首秋云物善”等，也都是说的初秋新凉。

在秋凉诗词中最值得说的应是辛弃疾的《丑奴儿》：“少年不识愁滋味，爱上层楼。爱上层楼。为赋新词强说愁。而今识尽愁滋味，欲说还休。欲说还休。却道天凉好个秋。”原来，辛弃疾小时不知愁，却因赋诗硬写愁。等到他受到排斥不能带兵抗金救国，“而今识尽愁滋味”时，却“欲说还休”。即使最后欲休还说，却是言不由衷、离题万里的“却道天凉好个秋”。他懂得了愁而不言愁，显然是为了避免政治上的更大迫害。但最终选择“却道天凉好个秋”，却是有着生活实践基础的。因为江西夏季长且苦热，一旦天凉入秋，人的舒适快活劲儿无法形容。

古人如此热爱美妙秋色，难怪宋代诗僧惠洪会想出如此绝妙主意——“戏将秋色分斋钵”，他要将这可餐的秀色分给和尚们享受，只是不知道“抹月批风得饱无”？（《崇胜寺后，有竹千余竿，独一根秀出，人呼为竹尊者，因赋诗》）。“抹月批风”是古代文人表示家贫无食物以待客的戏言。即只好把这无边风月加工（细切叫“抹”，薄切叫“批”）当饭菜了。当然这是诗人的幽默，秀色如画饼，何能充饥？由于宋代大诗人兼大书法家黄庭坚非常欣赏这种幽默，“因手书此诗，故（诗）名以显”。

实际上，悲秋和秋兴这两类古诗词虽然思想情绪的方向正好

■ 图 51　河北富岗苹果大丰收

相反，但却源于同一个秋季景物。例如引起秋愁和秋悲的秋季落叶和秋寒，实际上也是引起“天凉好个秋”和色彩斑斓的红叶美景的原因。因此我认为，同一景物引起完全不同的精神感受的主要原因在于人的心情不同。例如，晋朝顾恺之说“秋月扬明辉”，但唐代孟郊却说“秋月颜色冰”；例如唐代杜牧把凉秋清风看作久违故人，“大热去酷吏，清风来故人”（《早秋》），意思是大热如酷吏之去，清风如故人之来。可是到了唐代孟浩然那里，却变成了“清风习习重凄凉”（《初秋》）。即只要心情不好，就是习习清风也会加重凄凉。这也就是古代常有的同一个诗人既有秋愁诗，又有秋兴诗的原因。

所以，我认为，古代造字者把“秋”“心”合成“愁”，是确有道理的，但却又是不全面的（秋加上好心情，则成“兴”），至少犯了“只说其一，不说其二”的毛病。是不是呢？

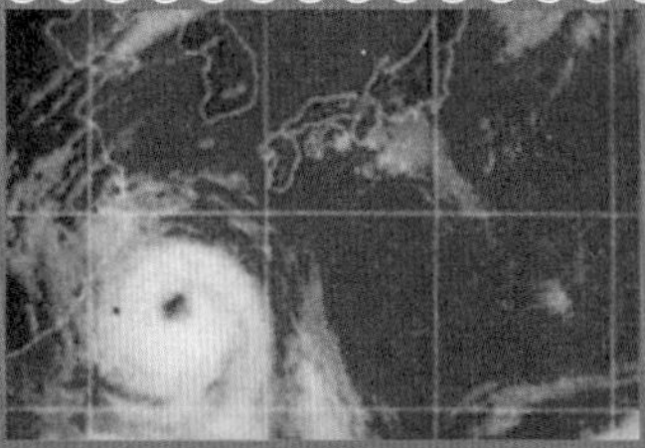
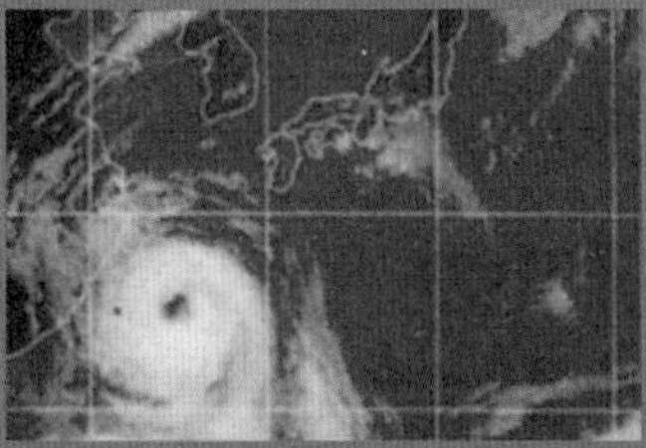
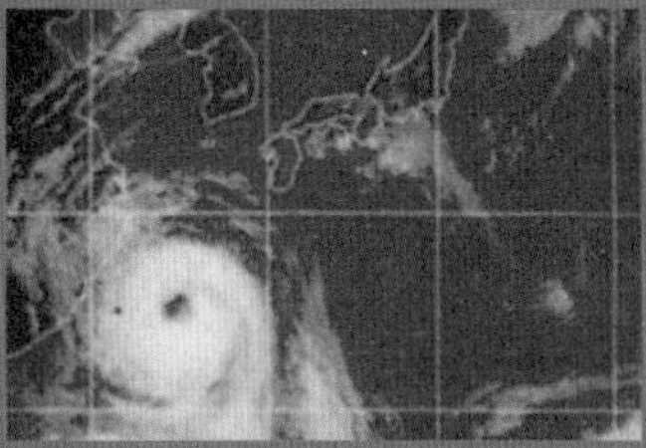
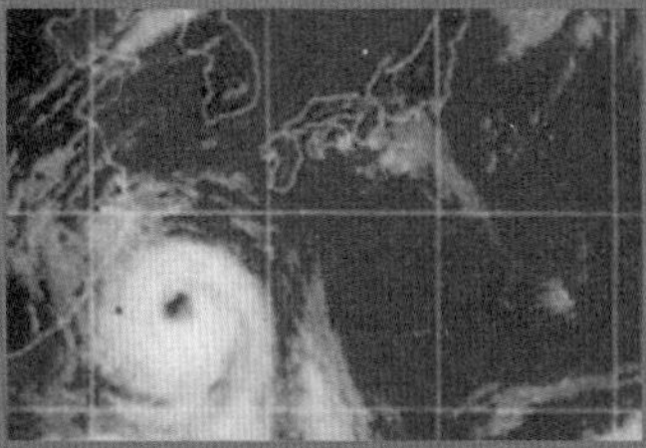
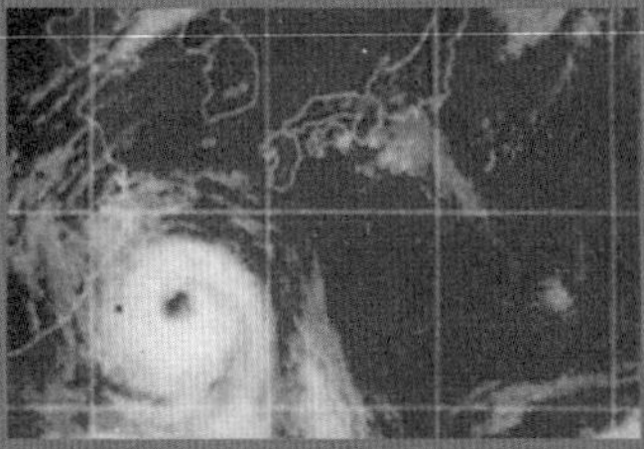
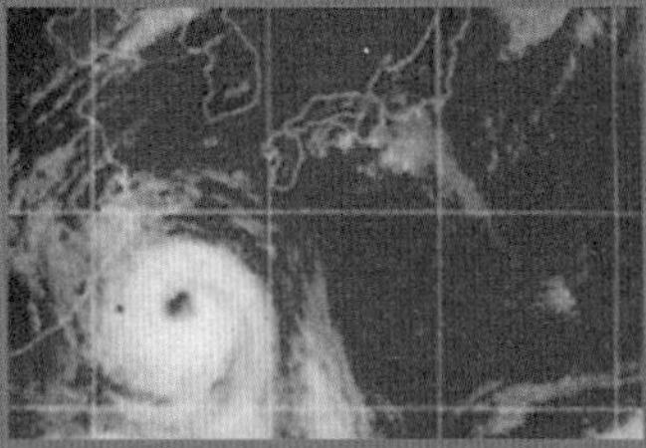

二十七、『寒暄』『寒舍』与『自恨不如鸡有毛』

——古诗词中的中国冬寒

古诗词中形容冬季之寒，大体可归为“冰冻和雪”“动植物”“衣被”和“人体反应”等几个方面。

其中最多的可能要算冰冻和雪了。例如唐代孟郊《苦寒吟》：“天寒色青苍，北风叫枯桑。厚冰无裂文（纹），短日有冷光。”唐代李贺《北中寒》描写更加寒冷：“一方黑照三方紫，黄河冰合鱼龙死。三尺木皮断文（纹）理，百石强车上河水。”黄河结冰，鱼类尽死，大树的树皮被严寒冻裂，可载百石的重车竟能在河冰上行走！此外还有唐代刘驾“百泉冻皆咽（冰冻不冒水）”，唐代万戴“河深彻底冻”以及南朝周弘正“陇水冻无声”等。唐代李贺在《杂曲歌辞·十二月乐词·十一月》中的“御沟泉合如环素”，意思也是严寒把都城的护城河冻成了一条白环带。北朝庾信诗中还给出了冰雪的具体厚度：“雪花深数尺，冰床厚尺余。”宋代姜夔则有“岸冰一尺厚，刀剑触舟楫。岸雪一丈深，屹如玉城堞”（《昔游诗十五首·其七》）等。

古诗词中用动物形容天寒的，多用马。例如岑参边塞诗中主要用军马。他在《走马川行奉送出师西征》中有“马毛带雪汗气蒸，五花连钱旋作冰”。他描写的是战马在寒风中疾驰，那蒸发出来的汗水立刻在马毛上结成冰，结了又掉，掉了又结。他的《献封大夫破播仙凯歌六首》中，有“蒲海（罗布泊）晓霜凝马尾”。这是描写马在静态下的天气之寒。因为西北干旱地区空气中水汽很少，一般低温下不会有霜；而且霜还结在了不时摇动的马尾巴上，由此可见天气之严寒。他还有一首《轮台歌奉送封大夫出师西征》中有“剑河风急雪片阔，沙口（地名）石冻马蹄脱”，是说那里冷得石头都冻得很硬，使钉在马掌上的铁掌也脱落了。

此外还有用其他动植物来描写冬冷的，也很有趣。

唐代方干《岁晚苦寒》中说，“白兔没已久，晨鸡僵未知”，是说月亮下山已久，天都亮了，可是鸡并未报晓。原来鸡也被冻僵了。那天还能不冷吗？“浩汗霜风刮天地，温泉火井无生意。泽国龙蛇冻不伸，南山瘦柏销残翠。”这是说水中动物因寒冷而

图 52　南方雨凇覆盖了汽车

无法活动，冷得瘦柏上本来不多的绿色也没有了。李仲祥《仲冬一日》中描写“冬深天气寒”的物象是“饥鸦蹲不语（饥寒得叫不动），冻犬卧成团”。因为乌鸦再冷也会叫，狗再冷也不会缩成团的。

人之所以感到冬寒，常常是因为衣被单薄。例如杜牧在《冬至日遇京使发寄舍弟》中有“旅馆夜忧姜被冷，暮江寒觉晏裘轻”之句。姜被是指《后汉书·姜肱传》姜肱与弟共盖的被子。晏裘是指春秋齐相晏婴节俭，一穿三十年的狐裘。岑参在《白雪歌送武判官归京》中则有“狐裘不暖锦衾薄”；晋朝张华《杂诗》中有“重衾无暖气，挟纩如怀冰”，即丝棉穿在身上仍像怀抱冰一样寒冷。宋代魏了翁在《十二月九日雪融夜起达旦》中，则说被子像铁一样寒冷，使人难以入眠：“衾铁棱棱梦不成。”

由于古代（特别是唐代）守边关的军士的冬季棉衣还要当兵者家庭负责，因此古诗中常有缝征衣、寄征衣的内容。

例如李白《子夜吴歌·冬歌》：“明朝驿使发，一夜絮征袍……裁缝寄远道，几日到临洮（戍边地）。”陈陶诗说，“征衣一倍装绵厚，犹虑交河（戍边地名）雪冻深”（《水调词十首·其一》）。元代姚燧《越调·凭阑人·寄征衣》说，“欲寄君衣君不还，不寄君衣君又寒。寄与不寄间，妾身万千难。”唐代陈玉兰的《寄夫》，更是催人泪下：“夫戍边关妾在吴，西风吹妾妾忧夫。一行书信千行泪，寒到君边衣到无？”

最后是用人对寒冷的感觉反应来形容冬寒。

白居易有一首《村居苦寒》，反映当时农民的苦难："八年十二月，五日雪纷纷。竹柏皆冻死，况彼无衣民……北风利如剑，布絮不蔽身。唯烧蒿棘火，愁坐夜待晨。"

唐代孟郊有一首《寒地百姓吟》。诗中说，"无火炙地眠，半夜皆立号。冷箭何处来，棘针风骚劳。霜吹破四壁，苦痛不可逃"，因此，"寒者愿为蛾，烧死被华膏"。即当时穷苦百姓有炙地取暖的方法，但他们穷得连柴都没有，因此他们不敢躺着，冻得直叫，甚至愿化为飞蛾，扑火取暖而死。

唐代李中《腊中作》是描写某年早寒，人像蛇虫一样蛰伏取暖："冬至虽云远，浑疑朔漠中。劲风吹大野，密雪翳高空。泉冻如顽石，人藏类蛰虫。"大概是人实在冻得不行，不得不找洞或挖地洞像冬眠动物一样蛰伏取暖了。

但是，这类诗中最令人印象深刻、也最令人悲哀的，可能还要数清代蒋士铨的《鸡毛房》。他在前四句交代了"冰天雪地风如虎，裸而泣者无栖所。黄昏万语乞（得）三钱，鸡毛房中买一眠"（鸡毛房是清代京城中为流浪穷人设置的临时过夜的简陋房。地上铺上鸡毛，"被子"也是鸡毛。济济一室，互相取暖）后，接着说，"腹背生羽不可翱，向风脱落肌粟高。天明出街寒虫号，自恨不如鸡有毛"。他是说，一夜过后，身上会沾上很多鸡毛（但自嘲不能用来翱翔），不过一出鸡毛房，鸡毛飞走，北风吹起皮肤上老大鸡皮疙瘩，冷得号叫，所以说“自恨不如鸡有毛”。诗的最后一句说，如果今晚讨不到三文钱，明日（冻死后）就要靠官府给一口薄皮棺材了。

冷得愿变成飞蛾扑火取暖，冷得自嘲“自恨不如鸡有毛”，何等悲惨！

“寒士”“寒暄”——冬寒与古人的习俗和文化

我国大部分地区位于温带和亚热带纬度，冬季本应十分温暖。可是，频频南下的北方寒潮冷空气，却使我国成为世界同纬度上最寒冷的地方。例如 40° 纬度上的北京，1 月份平均气温 4.7℃，比世界同纬度地区平均偏低 10.2℃；30° 纬度上的武汉（2.8℃）更比世界平均偏低 11.9℃之多。寒冷对我国人民的衣食住行、风俗习惯以及文化产生了深刻的影响，使中国古代生活中的许多人和事，都冠上了“寒”字。

先说人。古代称贫穷读书人为寒士、寒人、寒儒。例如，杜甫《茅屋为秋风所破歌》中：“安得广厦千万间，大庇天下寒士俱欢颜，风雨不动安如山。”贫穷而有才华的读书人则称寒俊（畯）。王定保《唐摭言·好放孤寒》中有“李太尉德裕颇为寒俊开路，及谪官南去，或有诗曰：‘八百孤寒齐下泪，一时南望李崖州。’”。是说李德裕当官肯关心、提携寒俊，因此一旦离朝南贬崖州（今海南），八百寒俊皆伤心落泪。

寒士家境卑庶贫寒，因此便称出身“寒门”“寒族”。例如成语“薄祚寒门”“白屋寒门”。此外，“寒贱”“寒素”“寒微”等也都是指出身门第低下的意思。

为什么称贫穷读书人为寒士呢？《史记》中有这样一个“一寒如此”的典故。大体是，范雎，字叔，有才，很穷，投魏国中大夫须贾为门客。一次随须贾出使齐国，回国后却因他受礼为须贾猜忌被毒打几死，丢弃厕所。范雎苏醒后逃到秦国，当了宰相。后来须贾出使秦国，范雎故意穿上破旧衣服来见须贾。须贾不知，对他说：“范雎一寒如此哉！”后来就用“一寒如此”成语来比喻贫困潦倒、穷到极点的意思。

■ 图 53　国外雪花邮票

不过，“寒”字有时则是用作谦称。例如，“寒舍”常作为自己家的谦称，“寒荆”是对自己妻子的谦称，并非这些人家真的很穷。“十年（载）寒窗”的意思是古人长期日夜在窗下攻读。这个成语大概是从金代刘祁《归潜志》中“古人谓，十年窗下无人问，一举成名天下知”化出来的。可见寒窗下读书的也不一定都是穷苦人，只是说攻读艰苦而已。既然窗是寒的，那么灯自然也是寒的了，故有“寒灯青荧”。

寒自然也渗透到古人日常生活之中。例如，古代御寒的衣叫寒衣、寒具（例如《宋史·刘恕传》：“自洛南归，时方冬，无寒具”）；家里捣衣服的石叫“寒砧”；粗劣的饭食叫“寒斋薄饭”；不加热的食品（如干果、水果）叫寒馐；吃做好已凉的饭食叫“寒食”（清明前一天是“寒食节”）；早晨冷得不想起床叫“寒恋重衾”；等等。

“寒士”“寒人”因家境贫寒，难免出现贫困窘态，古人称之为“寒酸”“寒碜”。例如：“寒酸气”“寒酸相”。“寒碜”除了指因穷而衣着破旧难看外，也可作动词用，例如“寒碜了他一顿”。

更有趣的是，由于冬寒难耐，古人见面问候起居的客套话叫“寒暄”“寒温”，也就是“嘘寒问暖”的意思。因为“暄”就是温暖。例如《南史·蔡撙传》中“及其引进，但寒暄而已，此外无复余言”，也就是只说说客套话。“不遑寒暄”是指事情紧急顾不得说客套话。但如果一般情况下不先进行寒暄，会被认为不礼貌。例如《旧五代史·钱镠传》中说：“明宗即位之初，安重海用（管）事，镠尝与重海书云‘吴越国王致书于某官执事’，不叙暄凉（寒暄），重海怒其无礼。”后来重海还借故削去了钱镠的吴越（地方）国王等称号。可见古人对寒暄之重视。

实际上，寒对我国古文化影响还远不止此。比如，害怕叫“心惊胆寒”；灰心叫“心如寒灰”；人刚死不久叫“尸骨未寒”，死者称“寒骨”（例如宋代苏舜钦、黎明《悲二子联句》：“作诗告石梁，聊以慰寒骨”）。《五朝名臣言行录·卷七》中还有：“军中有一韩（姓），西贼闻之心骨寒。”可见，寒对中国古人的影响，可称“刻骨铭心”。

最后，我们用20世纪60年代雷锋同志的座右铭来结束本节：“对同志要像春天般的温暖，对工作要像夏天一样火热，对个人主义要像秋风扫落叶一样，对敌人要像严冬一样残酷无情。”这个座右铭可能因为其中的时代印记，现在已少为人知了。

请问：如果雷锋同志不是诞生在四季鲜明的中国，他能写出这样的座右铭吗？

后　记

十分感谢湖南少年儿童出版社策划出版我的这本书。

本书书名叫《天气的脾气》，其实是简化了的。因为天气是中国的天气，而非别国的天气；脾气两字应该打引号，因为并不是真的“脾气”，而是中国天气对国人的生活和中国传统文化的主要影响。用“脾气”，主要因提法比较新鲜、简洁，可能有助于增加读者的阅读愿望。

本书和以往的著作最大的区别，正是在于它的后半部分内容，即我国特殊的天气的“脾气”（文化影响）。这部分内容是我自己的研究成果，尚未见到国内外有类似的系统研究。研究中国气候和弘扬中国传统文化，是我一直努力的方向。

但是，气候对传统文化的影响的方面很多，例如，仅我研究过的就有民俗、节气、园林、古诗词、迷信文化、文物保护、中医和中医养生等等。在本书中列入的仅仅是民俗文化和古诗词文化中的部分内容。简单来说就是，“衣食住行”和“春夏秋冬”。我相信这两部分也正是读者们最喜闻乐见的，因为它们都发生在我们身边，生活气息浓郁。因此我相信也是国外读者们最为欢迎的。因为我国有着世界上最特殊的大陆性季风气候，铸就了世界上最特殊的“衣食住行”和“春夏秋冬”的特点。也许正是这个原因，

■ 图 54　作者夫妻合影

我国发行量很大的、生活气息很浓的《南方周末》曾在 2014 年 2 月至 4 月连载了这两部分中的许多内容。

还有要说明的是，我收到本书清样时，才知道本书进入的丛书名称是《大科学家讲科学》，因为合同里没有提到。作为“大科学家”，我觉得我是不够格的，我只是一个普通的科学家。但因为丛书中的确有大科学家，作为丛书出版，这样处理应该是没问题的。还有就是，本书中所用的图片，除了我设计的原理图和取自我别的著作外，绝大多数照片取自中国气象局主办的《气象知识》杂志，在此致以衷心的感谢。

最后要感谢出版社周霞主任高屋建瓴的策划选题和统筹工作；感谢本书的责任编辑万伦先生的出色的编辑工作，使本书质量得以达到最佳的状态；还有要感谢我的夫人张辉华女士，她是我的同行，几乎是我所有文章和书的第一读者，经常给我提出重要修改意见，因此我写的 20 多本书（含主编）中，有 4 本是我们共同署名的。对本书她也有很大贡献，但也没有署名。因此征得出版社的同意，在书末放了一张我们的合影，以表谢意，并祝她健康长寿。还有要感谢的是我们的两个女儿——林晖和林冰。她们经常关心我的身体和工作，林冰就在中国气象局内工作，在计算机问题上帮助我解决的问题尤多。我们全家在这本小书的完成上，都做出了或多或少的贡献。

林之光，中国气象局， 2017 年 5 月 20 日